KB018554

YAKOV PERELMAN

생활 속 과학 이야기 2

속도, 회전, 열, 빛

YAKOV PERELMAN

생활 속 과학 이야기 2

속도, 회전, 열, 빛

초판 1쇄 | 2017년 3월 27일

지은이 | 야콥 페렐만

옮긴이 | 이재필

디자인 | 임나탈리야

편집 | 강완구

펴낸곳 | 도서출판 써네스트

펴낸이 | 강완구

출판등록 | 2005년 7월 13일 제313-2005-000149호

주 소 | 서울시 양천구 오목로 136 3층 302호

전 화 | 02-332-9384 **팩 스** | 0303-0006-9384

이메일 | sunestbooks@yahoo.co.kr

홈페이지 | www.sunest.co.kr

ISBN 979-11-86430-44-6 (04420) 값 10,000원

ISBN 979-11-86430-46-0 (세트)

Занимательная Физика(2)

Я. И. Перельман

이 도서의 국립중앙도서관 출판시도서목록(CIP)은 서지정보유통지원시스템 홈페이지(http://seoji.nl.go.kr)와 국가자료공동목록시스템(http://www.nl.go.kr/kolisnet)에서 이용하실 수 있습니다.(CIP제어번호: CIP2017006743)」

YAKOV PERELMAN

생활 속 과학 이야기 2

속도, 회전, 열, 빛

야콥 페렐만 지음 이재필 편역

써네스트

저자의 말

과학적 사고력을 키워주는 책

이 책에서 저자는 새로운 사실을 독자들에게 알리기보다는 독자들이 알고 있는 것을 확인하는 데 더 중점을 두었다. 즉, 독자 여러분이 가지고 있는 과학적 지식을 깨닫게 하고 심화시키며, 그 과학적 지식들이 실제 생활에서 어떻게 응용되는지를 보여주고자 하였다. 그것들을 위해서 재미있는 이야기, 공상과학 소설 등의 예를 들었다.

사실 과학책들은 과학적인 지식의 습득이라는 목적을 달성하기 위해서 어려운 내용들을 나열하다 보니 흥미와 재미를 느낄 수 없다. 반면 이 책의 목적은 과학적인 지식의 습득이 아니다. 이 책을 쓰게 된 목적은 과학적인 사고를 통해서 과학적인 활동을 독자 여러분이 할 수 있도록 하는 데 있다.

독자 여러분은 이 책을 읽은 후에 일상생활을 해나가는 데 있어서 과학이 얼마나 많은 곳에서 우리의 일상생활을 지배하는지 알게 될 것이다. 그리고 그러한 지식 속에서 끊임없이 과학적인 사고를 복습하게 되고, 또 때로는 직접 과학적인 활동을 해보는 기회도 있게 될 것이다.

혹자는 새로운 과학적인 지식이나 과학적인 성과도 없는 이런 책이 왜 필요하냐고 비판을 하기도 한다. 하지만 이러한 류의 비판은 이 책의 구성을 제대로 이해하고 있지 못하기 때문이다.

이 책에 나와 있는 문제와 해결책들을 다른 관점에서 살펴본다면 아마 그 속에 현대의 과학적인 성과들을 모두 담아 낼 수 있음을 알게 될 것이다.

이 책은 과학적인 사고를 키워줌으로써 보다 발전된 과학의 이론과 성과를 만들 수 있도록 도와주는 책이다.

모쪼록 이 책을 통해서 독자 여러분들의 과학적인 사고의 힘을 배가시키기 바란다.

저자

편집자의 말

고등학교 가기 전에 꼭 알아야 할 과학의 기본원리

독자 여러분은 초등학교와 중학교에서 공부하는 동안 자신도 모르는 사이에 과학적인 지식들을 쌓아 왔다. 하지만 대부분의 독자 여러분은 자신의 과학적인 지식이 얼마나 되는지 알지 못할 뿐 아니라 궁금해하지도 않는다. 바로 이 부분에서 여러분은 오류를 범하게 되고, 고등학교의 과학은 몇몇 사람들만이 할 수 있는 어려운 학문이 되는 것이다.

고등학교의 과학(물리, 화학, 지구과학, 생물 등)은 초등학교와 중학교에서 배웠던 것과는 차원이 다른 과학이다. 이제 여러분은 복잡한 계산식을 접하게 되거나 전혀 예상하지 못했던 새로운 사실들을 보게 된다. 하지만 한 가지 분명한 것은 이 모든 것이 초등학교와 중학교에서 배웠던 사실들에 기반을 두고 있다는 것이다.

그렇기 때문에 초등학교와 중학교에서 공부한 과학적 지식을 내가 얼마나 많이 알고 있나를 알아보는 것과 내가 고등학교에 가서 과학 공부를 할 준비가 되어 있나 아니면 부족한가를 알 수 있게 되는 것이 매우 중요한 것이라고 말하지 않을 수 없다.

문제집들을 풀어보면 되지 않겠냐고 말할 수 있지만 사실 문제집에 길들여진 독자들은 내용을 전혀 모르면서도 쉽게 문제를 풀 능력을 갖고 있기도 하다. 그렇기 때문에 그것이 객관적인 과학의 지식 정도를 나타내고 있다고 하기는 매우 어렵다.

이 책은 여러분이 내용을 정확하게 이해해야만 제시한 문제들을 풀 수 있는 책이다. 게다가 논리적 사고도 필요로 한다. 한마디로 '과학논술'의 성격을 가진 책이다.

여러분은 이 책을 읽으면서 자신의 과학적 지식 정도를 측정할 수 있을 뿐만 아니라 책을 읽고 문제를 푸는 과정에서 알고 있는 것은 더 정확하게 알게 되고 잊고 있었던 것 또는 모르고 있었던 지식은 새롭게 알게 된다.

감히 말하건대 이 책을 읽고 모든 것을 이해하고 풀어낼 수 있다면 여러분은 고등학교에 가서 과학 공부를 할 준비가 완전히 되어 있다고 할 수 있다. 물론 대학을 가는 데도 큰 도움이 될 것이다.

부디 이 책을 통해서, 러시아의 중고등학생들이 그렇듯이, 우리나라의 중고등학생들이 과학적 능력을 한 단계 상승시킬 수 있기를 기대한다.

편집자

차례

CHAPTER 2 영원히 움직이는 기계장치가 가능할까?
-회전과 영구기관

CHAPTER 3. 끓는 물에도 녹지 않는 얼음이 있을까?
- 열현상

CHAPTER 4. 거울에 비친 나는 정말 나일까?
- 빛의 반사와 굴절

CHAPTER 1

사람은 얼마나 빨리 움직일 수 있을까?

속도와 운동의 겹쳐짐

사람은 얼마나 빨리 움직일 수 있을까?

일반적으로 육상선수가 1.5km의 거리를 주파하는 데 걸리는 시간은 약 3분 30초다(1998년에 3분 26초 0이라는 세계 신기록이 수립되었다). 그리고 이 속도를 초당 속도로 환산하면 초속 7m가 되는데, 보행자의 걷는 속도(초속 1.5m)에 비해 상당히 빠른 속도라고 할 수 있다. 하지만 이 두 속도를 절대적으로 비교할 수는 없다. 보행자의 경우 시간당 5km씩 몇 시간을 쉬지 않고 걸을 수 있지만, 육상선수의 경우 그 속도로 오래 달리기가 힘들기 때문이다. 보병부대의 경우도 마찬가지다. 보통 초속 2m, 또는 시속 7km의 속도로 행군하기 때문에 이동 속도에서 육상선수보다 세 배 느리기는 하지만 그 대신 훨씬 더 먼 거리를 이동할 수 있다.

속담에 등장하는 느림보들, 특히 달팽이나 거북이의 이동 속도를 사람의 걷는 속도와 비교해 보는 것도 아주 흥미로울 것이다. 대표적인 느림보인 달팽이는 1초에 1.5mm 또는 한 시간에 5.4m를 이동하는데, 사실 이런 속도는 사람의 걷는 속도보다 정확하게 천 배 더 느린 속도다. 또 예로부터 굼뜨기로 유명한 거북이 역시 달팽이보다는 좀 더 빠를지 모르지만 그래도 한 시간에 이동하는 거리가 고작 70m에 불과하다.

달팽이나 거북이보다 더 민첩하게 움직이는 인간 역시 자연계의 다른 움직임들(알고 보면 그리 빠르다고 할 수도 없는 움직임들)에 비하면 결코 빠르게 움직이는 것이 아니다. 가령 인간은 평원을 따라 흐르는 강의 유속보다 더 빨리 이동할 수 있고 또 웬만큼 빠른 풍속에도 크게 뒤지지 않는다. 하지만 초속 5m의 속도로 이동하는 파리와 속도 경쟁을 할 경우 인간은 스키의 도움을 받아야만 한다. 그리고 토끼나 사냥개를 따라잡는 일은 설사 말을 타고 전속력으로 달린다 해도 결코 쉽지 않은 일이다. 그러니 만일 독수리와 속도 경쟁을 한다면 비행기가 꼭 필요할 것이다.

그렇다. 인간은 자신이 발명한 기계들 덕분에 세상에서 가장 빠른 존재가 되었다.

옛 소련에서는 1950년대에 디젤엔진을 단 수중익선(수중익선은 선체 밑에 날개를 달아 일정한 속도에서 선체를 물 위로 완전히 떠 올려 저항을 감소시킴으로써 속도를 증가시키고 또 파도 속에서도 속도가 유지되도록 한 배의 형태이다. 수중익선은 수면을 스치는 날개를 가진 것과 완전히 잠긴 날개를 가진 것 두 종류가 있다—옮긴이)이 첫선을 보였는데, 그 시간당 속도가 60~70km에 달했다. 또 육지로 올라오게 되면 이동 속도가 훨씬 더 빨라지는데 가령 철도를 따라 달리는 일반 열차와 일반 자동차는 시속 100km로 달리며 고속열차와 경주용 자동차는 시속 400km의

그림 1. 수중익선

속도를 낼 수 있다.

한편 최신 항공기들의 출현과 함께 인간의 이동 속도는 훨씬 더 빨라지고 있다. 1950년대에 최초로 만들어진 제트 여객기인 TU-104, TU-114 같은 소련 민간항공사들의 비행기들은 평균 시속 약 800km의 비행 속도를 자랑하고 또 항공기 설계자들의 과제였던, 〈음속의 벽〉을 넘는 일, 즉 초속 330m 또는 시속 1,200km로 이동하는 일이 실현 가능해졌다(강력한 제트엔진을 단 소형 비행기들의 경우 그 속도가 시속 2000km에 육박하고 있다).

하지만 인간이 만든 이동 수단들 중에는 이보다 훨씬 더 빠른 속도를 낼 수 있는 것들도 있다. 고밀도의 대기층 부근을 날고 있는 인공위성의 속도가 초속 약 8km에 달하고 또 태양계의 여러 행성을 향해 날아가는 우주선의 경우 초기 속도가 탈출 속도(escape velocity, 물체의 운동에너지가 중력 위치 에너지와 같아지는 속도를 의미한다—옮긴이)를 뛰어넘기까지 한다(지표면에서의 속도가 초속 11.2km에 달한다).

아래 표에 나타낸 동물들의 속도와 인간이 발명한 이동 수단의 속도를 비교해 보자.

동물 또는 발명품	초속	시속
달팽이	1.5mm	5.4m
거북이	20mm	70m
물고기	1m	3.6km
보행자	1.4m	5km
천천히 걷는 말	1.7m	6km
빨리 걷는 말	3.5m	12.6km
파리	5m	18km
스키어	5m	18km
전속력으로 달리는 말	8.5m	30km
배	16m	58km
토끼	18m	65km
독수리	24m	86km
사냥개	25m	90km
일반 열차	28m	100km
자동차	50m	170km
경주용 자동차	174m	633km
항공기	220m	800km
음속	330m	1,200km
초음속제트기	550m	2,000km
궤도 운동을 하는 지구	30,000m	108,000km

시간을 좇아서

아침 8시에 블라디보스톡을 출발한 비행기가 같은 날 아침 8시에 모스크바에 도착할 수 있을까? 언뜻 듣기에 말도 안 되는 일이다. 하지만 블라디보스톡의 경도대표준시와 모스크바의 경도대표준시(zone time)가 9시간의 시차를 갖는다는 사실을 떠올리게 되면 사정이 달라진다. 다시 말해서 만일 블라디보스톡 - 모스크바 구간을 9시간 만에 날아가는 비행기가 있다면 이 비행기는 블라디보스톡을 출발한 바로 그 시간에 모스크바에 도착하게 되는 것이다.

블라디보스톡에서 모스크바까지 약 9,000km의 거리를 9시간 만에 날아가기 위해서는 시속 1,000km의 속도(9000:9=1000km/hr.)로 날 수 있는 비행기가 필요한데 오늘날의 항공기술이라면 충분히 가능한 일이다.

북극 지방에서는 훨씬 더 느린 속도로도 '태양을 앞지를 수 있다'(더 정확히 말하면 '지구를 앞지를 수 있다'). 가령 위도 77도(노바야 제믈라-러시아 아르한겔스크 주州)에서 시속 450km의 비행기가 일정 시간 동안 날아가는 거리는 같은 시간 동안 지표상의 한 지점이 지구의 자전에 의해 이동하는 거리와 같다. 따라서 이 비행기의 승객들은 가만히 정지한 채 허공에 떠 있는 태양을 보게 된다(이때 비행기는 그에 알맞은 방향으로 이동하고 있어야 한다).

그런가 하면 지구 주위를 공전하는 달을 '앞지르는 일'은 훨씬 더 쉽다. 달의 공전 속도가 지구의 자전 속도보다 29배 느리기 때문에(여기서 속도는 선속도가 아닌 각속도이다) 중위도에서 항해하는 평범한 기선의 속도가 시속 25~30km라면 충분히 '달을 앞지를 수 있다'.

마크 트웨인의 수필 〈외국에 간 얼간이들〉에 이러한 현상을 묘사한 대목이 나온다.

"뉴욕을 떠나 아조레스제도(Azores, 포르투갈 서쪽의 화산군도-옮긴이)로 가기 위해 대서양을 횡단하고 있을 때의 일이었다. 온화한 날씨에 여름 바다 위를 달리고 있던 우리는 밤만 되면 일어나는 이상한 현상에 놀라움을 금할 수 없었다. 매일 밤 같은 시각에 떠오르는 달의 위치가 전혀 바뀌지 않는 것이었다. 처음에는 왜 이런 기이한 현상이 일어나는지 도무지 이해할 수 없었다. 하지만 나중에 알고 보니, 우리 배는 매 시간 경도 20분씩 동쪽으로 이동하고 있었다. 즉 우리가 탄 배의 이동 속도가 달의 이동 속도와 같았던 것이다."

천분의 일 초

인간의 척도로 시간을 측정하는 데 익숙해져 있는 우리에게 천분의 일 초라는 시간은 사실상 0초와 다를 바 없다. 게다가 일상생활 속에서 이렇게 짧은 시간을 실감할 수 있게 된 것도 불과 얼마 전의 일이었다. 가령 태양의 높이나 그림자의 길이로 시간을 나타내던 시절에는 분 단위의 정확성이라는 것을 아예 생각조차 할 수 없었다. 아마 당

그림 2. 해시계

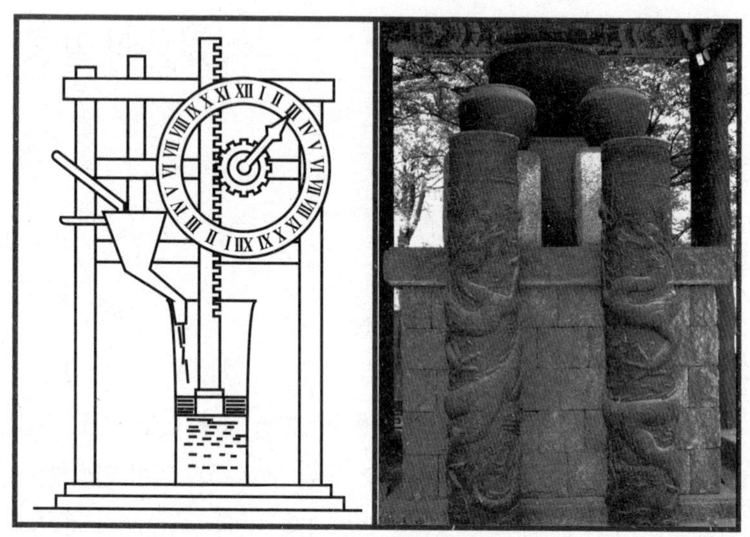

그림 3. 고대의 물시계 그림 4. 조선시대의 물시계(자격루)

시의 사람들은 분이라는 시간 단위가 측정할 필요도 없을 만큼 사소한 것이라고 여겼을 것이다. 고대인들의 경우도 마찬가지다. 삶 자체가 너무나도 유유자적했기 때문에 그들의 시계 ― 해시계, 물시계, 모래시계 ― 에는 분을 나타내기 위한 별도의 구분 표시가 없었던 것이다. 시계 숫자판에 분침이 생기기 시작한 것은 18세기 초의 일이었고 초침이 달린 시계의 출현 역시 19세기 초에나 가능한 일이었다.

천분의 일 초 동안 일어날 수 있는 일에는 어떤 것들이 있을까? 잘 생각해 보면 아주 많은 일들이 이 짧은 시간 동안 일어난다. 열차는 천분의 일 초에 3cm를 이동한다. 소리가 33cm를 이동하고 비행기는 약 50cm를 이동한다. 그리고 태양 주위를 도는 지구는 천분의 일 초 동안 30m를 이동하고 빛은 300km를 이동한다.

그렇다면 우리 주위의 작은 생물들의 경우는 어떨까? 만일 곤충처럼 작은 생물들에게 사고 능력이 있다면 그것들은 천분의 일 초라는 시간을 하찮게 여기지 않을 것이다. 곤충들에게 천분의 일 초라는 시간은 결코 짧은 시간이 아니다. 가령 모기가 1초 동안 날개 치는 횟수는 500~600회에 달한다. 따라서 천분의 일 초라는 짧은 시간 동안 날개를 위로 한번 들어올리거나 아래로 한번 내릴 수 있다는 것이다.

인간의 팔과 다리가 움직이는 속도는 곤충의 날개 치는 속도를 도저히 따라갈 수 없다. 인간의 몸동작 중에 가장 빠른 것은 눈의 깜빡임인데 흔히 '눈깜빡할 사이', '순간'이라고 말하는 것도 다 그 때문이다. 눈이 깜빡이는 속도는 너무 빨라서 심지어 일시적으로 시야가 가려지는 것조차 알아차리지 못할 정도다. 하지만 천분의 일 초 단위로 측정해 보면 상상하기 어려울 정도로 빠른 것 같은 눈의 움직임도 사실은 상당히 느린 움직임이라는 것을 알 수 있다. 정확히 측정해본 결과 '눈이 한번 깜빡이는' 데 걸리는 시간은 평균 5분의 2초, 즉 천분의 4백 초이며 그 과정은 다음의 세 단계로 나뉜다.

1단계 - 눈꺼풀이 내려온다(천분의 75~90초).

2단계 - 내려온 눈꺼풀이 움직이지 않고 가만히 있는다(천분의 130~170초).

3단계 - 눈꺼풀이 올라간다(약 천분의 170초).

이렇듯 눈을 한번 깜빡이는 것은 상당히 긴 과정이어서 그 동안 눈꺼풀은 휴식을 취할 수도 있다. 그래서 만일 천분의 일 초 동안 받아들이는 인상을 따로따로 지각할 수만 있다면 아마도 눈꺼풀이 보여주는 두 개의 매끄러운 움직임, 즉 휴식을 취하는 단계에 의해 양분되는 두 개의 움직임을 한 순간에 포착할 수 있을 것이다.

만일 우리의 신경계 역시 그런 구조로 이루어져 있다면 우리 눈에 비치는 주위 세계는 알아볼 수 없을 만큼 변하게 될 것이다.

영국 작가 웰스*는 단편소설 〈최신 가속장치〉에서 바로 그렇게 변해 버린 세상의 기이한 광경을 묘사하고 있다. 주인공들이 마신 묘약이 신경계에 작용해 여러 감각기관이 '빠른 속도로 일어나는 현상들'을 따로따로 지각하게 된다.

예를 들어 보자.

> "커튼이 이런 식으로 창문에 달라붙는 걸 본 적 있어요?"
>
> 나는 커튼을 보았다. 그런데 커튼이 마치 얼어붙은 것 같았고 커튼의 귀퉁이는 바람에 날려 접힌 채로 움직이지 않았다.
>
> "한 번도 본 적이 없어요."
>
> 내가 말했다.
>
> "어떻게 이런 일이!"

---

* 허버트 조지 웰스(Herbert George Wells, 1866년 9월 21일 ~ 1946년 8월 13일)는 과학 소설로 유명한 영국의 소설가이자 문명 비평가이다. 여러 장르에도 다양한 작품을 남겼다. 특히 쥘 베른, 휴고 건스백과 함께 '과학 소설의 아버지'라고 불린다. 《타임머신》, 《투명인간》 등 과학 소설 100여 편을 썼다.

"그럼 이런 건 본 적 있어요?”

그는 컵을 쥐고 있던 손가락을 모두 펴 보였다.

나는 컵이 아래로 떨어져 산산조각 날 것이라고 생각했다. 하지만 웬걸, 컵은 꼼짝도 하지 않고 그대로 허공에 떠 있는 것이 아닌가!

“물론 알고 계시겠지만 떨어지는 물체는 처음 1초 동안 5미터 아래로 내려갑니다. 그러니까 이 컵도 이제 그 5미터 만큼 아래로 내려가겠죠. 하지만 보세요. 아직 백분의 1초*도 지나지 않았어요. 이렇게 설명하면 저의 ‘가속기’의 힘을 이해하는 데 많은 도움이 될 거예요.”

기베른이 말했다.

컵이 천천히 떨어지고 있었고 기베른은 떨어지는 컵의 주위를 위아래로 쓰다듬었다.

바로 그때 창밖의 광경이 눈에 들어왔다. 자전거를 타고 가던 한 사람이 마치 얼어버린 듯 제자리에 멈춰 서 있었고 그의 뒤를 따라 자욱하게 일어나던 먼지 역시 허공에 그대로 멈춰 서 있었다. 그리고 자전거 앞에서 달려가던 마차 역시 제자리에 멈춰서 있었다.

우리의 눈길을 끈 것은 돌처럼 굳어버린 여객마차였다. 바퀴의 윗부분, 말의 다리, 채찍의 끝 그리고 마부의 아래턱(막 하품을 시작하고 있었다), 이 모든 것들이 느리기는 해도 어쨌든 움직이고 있었지만 그 꼴사나운 마차의 다른 모든 것은 완전히 굳어 있었다. 마차에 앉아 있는 사람들 역시 마치 조각상처럼 꼼짝도 하지 않았다.

바람에 휘날리는 신문을 접으려고 안간힘을 쓰고 있던 한 사람이 순식간에 굳어 버렸다. 하지만 우리에게 그 바람은 존재하지 않는 것이었다.

---

* 여기서 잊지 말아야 할 것은 물체가 낙하할 때 최초의 백분의 1초 동안 지나가는 거리는 5미터의 백분의 1이 아니라 만분의 1, 즉 0.5밀리미터이고(공식 $S=gr^2/2$), 또 최초의 천분의 1초 동안 지나가는 거리는 200분의 1밀리미터라는 사실이다.

그 '묘약'이 내 몸 속으로 들어온 후 내가 말하고 생각하고 행동에 옮기는 모든 것이 다른 모든 사람에게는 그저 눈 깜짝할 순간에 지나지 않는 것이었다.

현대 과학의 여러 수단으로 측정할 수 있는 최소의 시간 간격이 어느 정도인지 알게 된다면 독자 여러분은 많은 흥미를 느끼게 될 것이다. 금세기 초까지만 해도 그것은 만분의 일 초였는데 이제 실험실의 물리학자는 천억분의 일 초까지 측정할 수 있게 되었다.

시간 확대경-고속 촬영카메라

단편소설 〈최신 가속장치〉를 저술할 당시까지만 해도 웰스는 언젠가 이런 일이 정말로 실현될 것이라고는 상상조차 하지 못했을 것이다. 하지만 그는 오래 산 덕분에 — 비록 화면을 통해서만 가능한 일이었지만 — 한때 자신의 상상력이 만들어 낸 바로 그 장면들을 직접 목격할 수 있었다. 이른바 '시간 확대경'은, 아주 빠르게 진행되는 많은 현상들을 화면을 통해 느린 속도로 보여주는 장치다.

'시간 확대경-고속 촬영카메라'는 영화 촬영용 카메라인데, 일반 영화 카메라가 1초에 24프레임을 찍는다면 이 카메라는 그보다 몇 배 더 많은 프레임을 찍을 수 있다. 만약 이렇게 촬영된 현상을 보통 속도로, 즉 1초에 24 장면을 스크린에 투영한다면, 관객은 늘어진 현상, 즉 정상보다 24배 더 느리게 진행되는 현상을 보게 된다. 독자 여러분 역시 스크린을 통해 비정상적으로 매끄러운 점프나 그와 같은 느린 현상들을 본 일이 있을 것이다. 게다가 더 복잡한 형태의 고속 카메라로 촬영하게 되면 감속이 더욱 커져 거의 웰스가 묘사한 것만큼 느려진 현상을 볼 수 있다.

지구가 태양 주위를 더 빠른 속도로 도는 것은 언제일까, 낮일까 밤일까?

한번은 파리 신문들이 '단돈 25상팀(프랑스 화폐 단위로 100분의 1프랑에 해당—옮긴이)으로 싸고 편안한 여행을 즐기는 방법을 알려 준다'는 광고를 게재한 적이 있었다. 이 말에 귀가 솔깃해져 25상팀을 송금한 사람들은 다음과 같은 내용의 편지를 받아보았다.

> 침대에 편안하게 누워 '지구가 돌고 있다'고 생각하십시오. 여러분은 파리가 위치한 위도, 즉 49도 위도선을 따라 매일 2만5천km 이상을 달리게 될 것입니다. 혹시 그림 같이 아름다운 풍경을 좋아하시나요? 그렇다면 창문 커튼을 열고 별이 빛나는 밤하늘을 올려다보세요. 여러분은 그 아름다움에 흠뻑 취하게 될 것입니다.

사기 행위로 법정에 서게 된 범인은 유죄판결을 받고 벌금을 물었다. 그러고는 마치 연극이라도 하듯 장엄한 어조로 갈릴레이의 유명한 선언을 되풀이했다.

"그래도 지구는 돌고 있다!"

어떤 의미에서 이 피고인의 말은 옳다고 할 수 있다. 왜냐하면 지구에 사는 사람이라면 누구나 지축을 따라 돌면서 '여행'을 하고 있을 뿐만 아니라 동시에 태양 주위를 도는 지구에 의해 그보다 더 빠른 속도로 이동하고 있는 것이 사실이기 때문이다. 지구와 지구 위에 있는 사람들은 매 초 30km씩 우주 공간을 이동하고 있으며 이때 지축을 중심으로 하는 지구의 자전도 동시에 일어나고 있다.

이와 관련해서 아주 흥미로운 질문을 던질 수 있다.

우리가 태양 주위를 더 빠른 속도로 돌게 되는 때는 밤일까 아니면 낮일까?

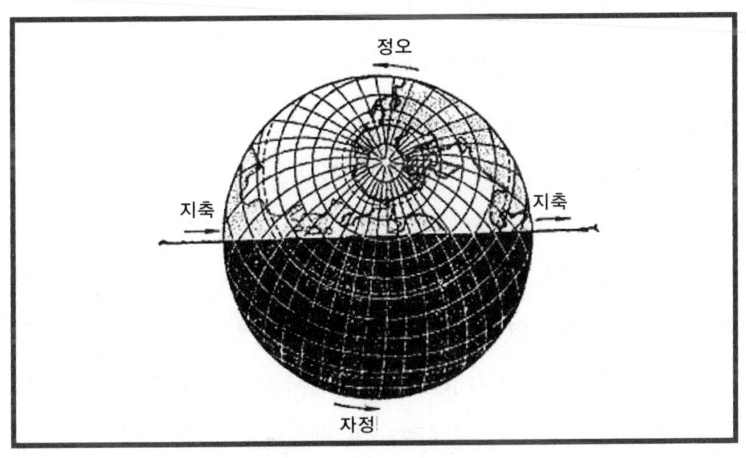

그림 5. 지구의 반이 낮일 때 나머지 반은 언제나 밤이다. 그렇다면 낮인 반구와 밤인 반구 중 어느 쪽에 있는 사람이 더 빨리 태양 주위를 돌고 있을까?

어쩌면 당혹스러운 질문일 수도 있다.

사실 지구의 한쪽이 낮이면 다른 한쪽은 언제나 밤이지 않겠는가? 이런 질문이 도대체 무슨 의미를 갖는다는 말인가? 아무 의미도 없는 것처럼 보일 것이다. 하지만 사실은 그렇지 않다.

이 질문의 핵심은 지구 전체가 더 빨리 이동하는 때가 언제냐가 아니라 우리, 즉 지구 위에 살고 있는 사람들이 별들 사이를 더 빨리 움직이는 때가 언제냐는 것이다. 그렇다면 더 이상 무의미한 질문이 되지는 않을 것이다. 태양계에서 우리는 두 가지 운동을 하고 있다. 그것은 태양 주위를 도는 운동과 지축을 중심으로 도는 운동이다. 이 두 운동은 겹쳐지기는 하지만 그래도 우리가 낮의 반구에 있는지 아니면 밤의 반구에 있는지에 따라 그 결과는 달라진다. 앞의 그림으로 알 수 있듯이, 밤 12시에는 지구의 자전 속도가 지구의 전진 속도(공전 속도--옮긴이)에 더해진다. 그런데 낮 12시에는 거꾸로 자전 속도만큼 전진 속도가 줄어든다. 따라서 우리는 정오보다는 자정에 더 빠른 속도로 태양계를 이동한다고 말할 수 있는 것이다.

적도상의 지점들이 1초에 약 0.5km 이동한다는 점을 감안하면, 적도대에서 한낮 속도와 한밤 속도간의 차이는 초당 1km나 된다. 기하학을 아는 사람이라면 쉽게 계산할 수 있겠지만 위도 60도에 위치한 러시아 제2의 도시 상트 페테르부르크에서는 두 속도간의 차이가 두 배 더 작아진다. 즉 상트 페테르부르크에 있는 사람은 한낮보다 한밤에 매초 0.5km씩 더 많이 태양계를 이동하게 된다.

수레바퀴의 수수께끼

수레바퀴(또는 자전거 바퀴)의 테두리 측면에 색종이를 붙여 보자. 그리고 수레(또는 자전거)를 움직인 다음 색종이를 잘 살펴보면 이상한 현상이 일어나는 것을 발견할 수 있다. 구르는 바퀴 아랫부분에 가 있을 때 색종이는 꽤 분명하게 구별되어 보인다. 그런데 구르는 바퀴 윗부분에 가 있을 때는 알아볼 수 없을 만큼 빠르게 지나가 버린다.

바퀴 윗부분이 아랫부분보다 더 빨리 움직이는 것처럼 보이는 현상은 마차 바퀴의 위쪽 살과 아래쪽 살이 움직일 때에도 관찰할 수 있는데, 잘 살펴보면 바퀴 위쪽의 살들은 하나의 연속된 전체로 합쳐지는 반면 아래쪽 살들은 따로따로 구분되어 보인다. 이 경우에도 역시 바퀴 윗부분이 아랫부분보다 더 빨리 움직이는 것처럼 보인다.

이 이상한 현상을 어떻게 이해하면 좋을까?

사실은 아주 간단한 이치다. 보이는 대로 구르는 바퀴의 윗부분이 아랫부분보다 더 빨리 움직인다고 생각하면 된다. 언뜻 봐서는 말이 안 되는 것 같지만 좀 더 단순하게 생각해보면 충분히 납득이 갈 것이다.

바퀴가 구를 때 바퀴의 각 지점은 두 가지 운동을 동시에 하는데, 하나는 축 주위를 회전하는 것이고 또 하나는 축과 함께 앞으로 움직이는 것이다. 여기서 우리는, 지구의 경우와 마찬가지로, 두 가지 운동의 겹쳐짐을 보게 되는데 이러한 겹쳐짐의 결과는 바퀴 윗부분과 아랫부분에서 서로 다르게 나타난다. 바퀴 윗부분에서는 바퀴의 회전 운동과 전진 운동이 동일한 방향으로 이루어지기 때문에 두 운동이 더해진다. 하지만 아래쪽에서는 회전 운동이 반대 방향으로 이루어지기 때문에 전진운동이 회전운동의 속도를 늦춘다. 바로 이 때문에 정지해 있는 관찰자의 입장에서는 바퀴의 윗부분이 아랫부분보다 더 빨리 이동하게 된다.

그럼 간단한 실험을 통해 이 설명이 맞는지 틀리는지 알아보도록

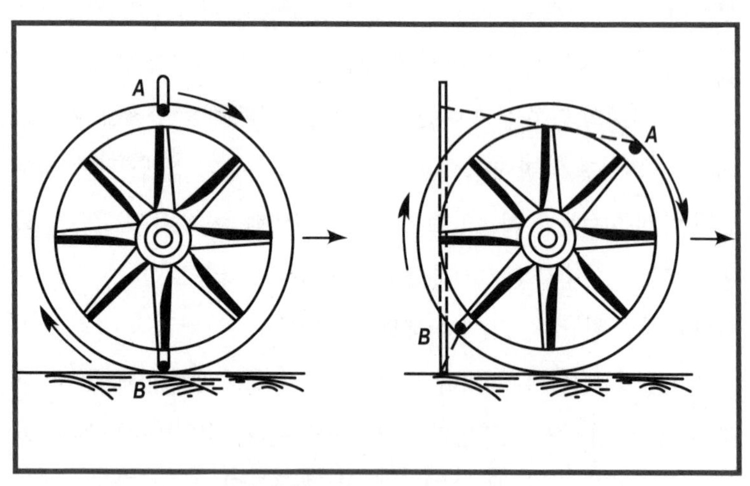

그림 6. 바퀴 윗부분이 아랫부분보다 더 빨리 움직이는 것을 확인하는 방법.
오른쪽 바퀴는 고정된 막대 옆을 지나 일정한 거리를 움직여 갔다.
이때 지점 A와 지점 B 사이의 거리를 비교해 보라

하자.

우선 수레 한 대를 세워 놓은 다음 바퀴 옆 땅바닥에 막대기를 꽂아서 축과 막대기가 서로 마주 향하도록 하고 또 바퀴 테두리의 가장 높은 부분과 가장 낮은 부분에 분필이나 목탄으로 표시를 한다. 그러면 이 표시들이 막대기와 마주 향하게 될 것이다.

이제 수레를 오른쪽으로 조금 굴려서 수레의 축이 막대기로부터 20~30cm 정도 떨어지도록 한 다음(앞의 그림을 보라) 여러분이 표시해 놓은 곳이 어떻게 이동했는지 살펴보도록 하자. 그러면 위쪽의 표시 A가 아래쪽의 표시 B보다 눈에 띄게 더 많이 이동했음을 알 수 있을 것이다(표시 B는 막대기로부터 아주 조금밖에 이동하지 못했다).

수레바퀴에서 가장 속도가 느린 부분

움직이는 수레바퀴의 모든 지점이 똑같이 빨리 움직이는 것은 아니다. 그렇다면 굴러가는 바퀴에서 가장 느리게 움직이는 부분은 어느 부분일까?

이 경우에는 땅에 닿는 부분이 가장 느리게 움직인다는 것을 쉽게

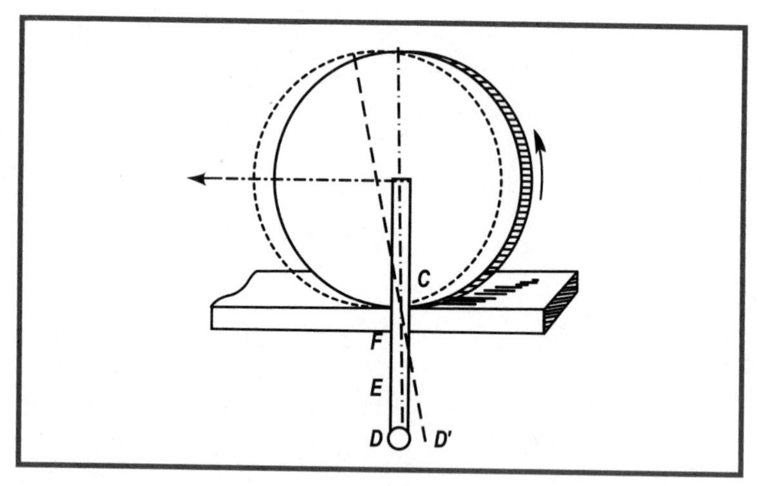

그림 7. 원반과 성냥으로 하는 실험.
바퀴가 왼쪽으로 구르면 성냥의 돌출된 부분의 점들 F, E, D는 반대 방향으로 움직인다

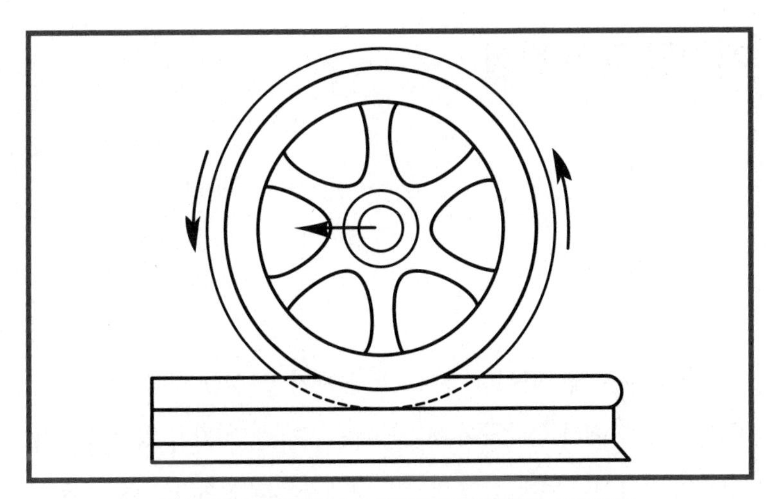

그림 8. 열차 바퀴가 왼쪽으로 구르면 바퀴의 돌출한 가장자리의 아랫부분은 오른쪽, 즉 반대 방향으로 움직인다

알 수 있는데, 엄밀히 말하면 바퀴가 지면에 닿는 순간 그 접촉 부분들이 전혀 움직이지 않는 것이다.

하지만 이것은 바퀴가 굴러가는 경우에만 그렇다. 바퀴가 굴러가지 않고 단지 고정된 축을 중심으로 회전만 한다면 사정은 달라진다. 가령 플라이휠(회전 속도를 고르게 하기 위한, 크랭크축에 달린 바퀴--옮긴이)이 회전할 때 바퀴 테의 윗부분과 아랫부분이 움직이는 속도는 동일하다.

거짓말 같은 진실

앞에 나온 문제만큼이나 흥미로운 문제가 또 하나 있다. 가령 상트 페테르부르크에서 출발하여 모스크바로 향하는 열차가 있다고 하자. 이때 이 열차에는 열차 진행 방향과 반대쪽으로 움직이는 점들, 즉 모스크바에서 상트 페테르부르크 쪽으로 움직이는 점들이 존재할까?

그렇다. 굴러가는 모든 바퀴에는 매 순간 그런 점들이 존재한다. 과연 어디에 그 점들이 있는 것일까?

열차 바퀴의 가장자리에는 불룩하게 돌출된 테두리(플랜지flange. 철도용 바퀴의 한쪽 끝에 돌출시킨 턱 같은 부분. 탈선을 방지함—옮긴이)가 있다. 그런데 열차가 움직이기 시작하면 이 테두리의 아래쪽 점들이 앞쪽이 아닌 뒤쪽으로 이동한다.

왜 그렇게 되는지 간단한 실험을 통해서 알아보자. 우선 동전이나 단추 같은 원형 물체의 옆면에 성냥을 붙인다. 이때 성냥의 반은 원형 물체의 반지름 위에 놓이도록 하고 나머지 반은 원형 물체의 가장자리 밖으로 나오도록 한다. 그런 다음 그림 7과 같이 자의 가장자리(점 C) 위에 원형 물체를 올려놓고 오른쪽에서 왼쪽으로 굴리기 시작하면 성

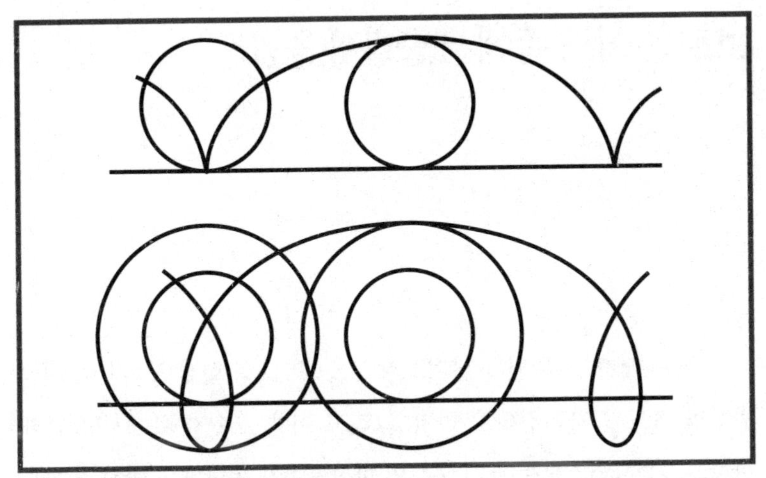

그림 9. 위 그림은 굴러가는 마차 바퀴 테두리의 각 점이 그려내는 곡선(사이클로이드(하나의 원이 일직선 위를 미끄러지지 않고 굴러갈 때, 이 원의 원둘레 위의 한 정점(定點)이 그리는 자취—옮긴이))을 나타낸 것이고 아래 그림은 열차 바퀴의 돌출된 테두리상의 각 점이 그려내는 곡선이다

냥의 내민 부분에 있는 점 F, E, D가 앞쪽이 아닌 뒤쪽으로 물러나게 되는데, 이때 점의 위치가 원형 물체의 가장자리로부터 멀리 떨어져 있을수록 뒤로 물러나는 정도는 더 커진다(점 D는 점 D'로 이동한다).

열차 바퀴의 플랜지 위에 있는 점들 역시 성냥의 내민 부분처럼 뒤쪽으로 움직인다. 그러니까 열차가 움직일 때 앞이 아니라 뒤로 움직이는 점들이 존재한다는 사실에 더 이상 놀랄 필요가 없는 것이다.

사실 이런 움직임이 일어나는 시간은 1초의 아주 보잘것없는 일부에 불과하다. 하지만 우리의 일반적인 이해에 반하여, 열차가 움직일 때 열차의 진행 방향과 반대쪽으로 이동하는 것도 있다는 것만은 분명한 사실이다(그림 8, 9 참조).

보트는 어느 쪽에서 출발했을까?

노 젓는 배가 호수 위를 달리고 있고 그림 10의 화살표 a가 이 배의 방향과 속도를 가리킨다고 하자. 그리고 이때 호숫가 쪽에서 돛단배 한 척이 가로질러 오는데 그림 11의 화살표 b가 돛단배의 방향과 속도를 가리킨다고 하자. 만약 여러분이 '이 배가 어느 쪽 기슭에서 출발했

그림 10. 돛단배가 노 젓는 배를 가로질러 오고 있고 화살표 a와 b는 속도를 가리킨다. 노를 젓는 사공들에게 돛단배는 어떻게 보일까?

을까?'라는 질문을 받는다면 여러분은 서슴없이 호숫가의 M 지점을 가리킬 것이다. 하지만 노를 젓고 있는 사공에게 똑같은 질문을 던진다면 그들은 전혀 다른 지점을 가리킬 것이다. 왜 그럴까?

뱃사공의 눈에 그 돛단배는 자신의 배가 가는 방향과 직각이 아닌 방향으로 움직이는 것처럼 보이기 때문이다. 다시 말해서 뱃사공은, 자신은 제자리에 멈춰 서 있고 주위의 모든 것들이 각자의 속도를 가지고 반대 방향으로 움직이고 있다고 느끼는 것이다. 따라서 뱃사공이 봤을 때는, 돛단배가 화살표 b 방향뿐만 아니라 점선 a 방향으로도 움직이는 것이다(그림 11 참조). 여기서 돛단배의 두 운동—실제 운동과 외견상의 운동—은 평행 사변형 법칙에 따라 겹쳐지는데 결국 뱃사공

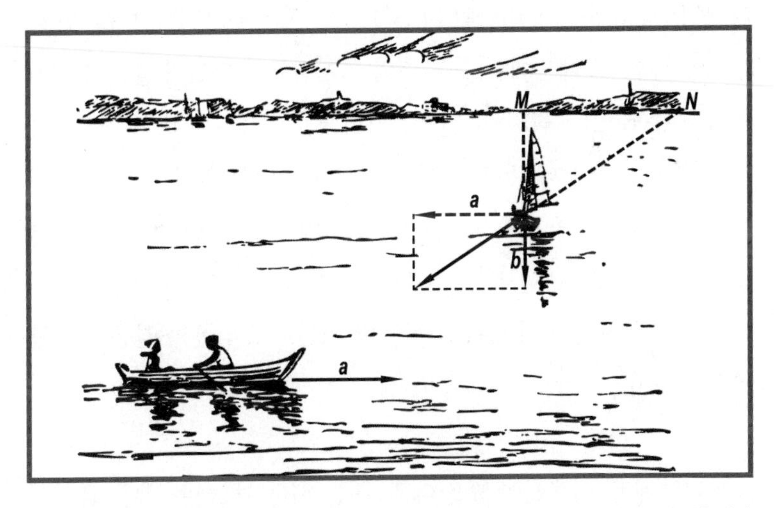

그림 11. 뱃사공들의 눈에는 돛단배가 자신들 쪽으로 가로질러 오지 않고 비스듬하게 기울어서 오는 것처럼 보인다. 그래서 돛단배의 출발점이 지점 M이 아닌 지점 N인 것처럼 여겨진다

은 돛단배가 마치 평행 사변형의 사선(화살표 b와 화살표 a에 의해 만들어지는 사선)을 따라 움직이는 듯한 느낌을 받게 되고 또한 바로 이 때문에 돛단배가 지점 M에서 출발한 것이 아니라 다른 어떤 지점 N으로부터 출발했다고 생각하게 된다(지점 N은 노 젓는 배가 진행하는 쪽으로 더 멀리 위치해 있다—그림 11).

우리도 제자리에 멈춰 서 있는 것 같지만 사실은 궤도 운동을 하는 지구와 함께 움직이고 있다. 그래서 밤하늘의 별빛으로 별의 위치를 판단할 때, 노 젓는 배에 탄 사람들이 돛단배의 출발 지점을 잘못 판단하는 것과 마찬가지의 실수를 범하게 되고 결국 별들의 위치가 실제 위치보다 (지구의 운동 방향으로) 조금 더 앞쪽이라는 생각을 하게 된다. 물론 빛의 속도에 비하면 지구의 속도는 보잘것없는 것이고(만 배나 작은 속도) 그 때문에 외견상 별의 위치변화가 대단치 않은 것처럼 생각될 수도 있다. 하지만 천문학 기기들을 이용하면 별의 위치변화를 발견할 수 있는데, 우리는 이러한 현상을 빛의 광행차(지구에서 별을 관찰할 때, 지구의 공전 또는 자전으로 인해 별빛이 오는 방향이 실제와 달리 기울어져 보이는 현상—옮긴이)라고 부른다.

이런 문제에 관심이 있다면 동일한 조건으로 다음과 같은 문제를 만들어 보자.

돛단배에 탄 사람들이 봤을 때 노 젓는 배는 어느 방향으로 움직이고 있을까?

돛단배에 탄 사람들이 느끼기에 노 젓는 배는 어디로 가고 있을까?

이 두 질문에 답하기 위해서는 선 a(그림 11)를 대각선으로 하는 '속도의 평행 사변형'을 만들어야 한다. 그러면 돛단배에 탄 사람들에게는 노 젓는 배가 비스듬하게 기울어서 달리고 있고 또 호숫가에 가 닿으려 하는 것처럼 보인다는 사실이 입증될 것이다.

CHAPTER 2

영원히 움직이는 기계장치가 가능할까?

회전과 영구기관

삶은 달걀과 날달걀은 어떻게 구별할까?

달걀 껍질을 깨트리지 않고 그 달걀이 삶은 달걀인지 아니면 날달걀인지 알 수 있는 방법이 없을까? 역학에 관한 지식이 조금만 있다면 여러분은 이 난처한 상황을 잘 해결할 수 있을 것이다.

문제는 삶은 달걀과 날달걀이 서로 다른 식으로 회전한다는 것인데 앞에서 제기된 문제를 해결하는 데 바로 이 점을 이용하면 된다. 실험

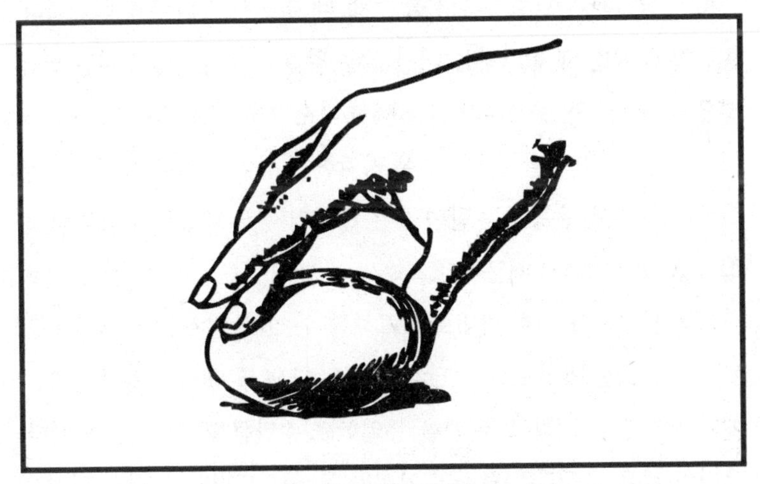

그림 1. 달걀 돌리기

에 사용할 달걀을 평평한 접시 위에 놓고 두 손가락을 써서 돌려보자(그림 1). 삶은 달걀(특히 푹 삶아진 달걀)이 날달걀보다 더 빨리 그리고 더 오래 회전한다. 아니 날달걀의 경우 심지어 회전시키는 것도 쉽지가 않다. 하지만 푹 삶은 달걀은 아주 빠른 속도로 회전하기 때문에 눈으로 봤을 때 그 윤곽들이 합쳐져 마치 하나의 하얗고 납작한 타원면처럼 보이게 되고 또 뾰족한 끝으로 서는 것처럼 보이게 된다.

이런 현상이 일어나는 원인은, 삶은 달걀의 내부 구성물들이 하나가 되어 회전하는 반면 날달걀의 경우 그 액체 내용물이 곧바로 회전운동을 부여받지 못한 채 자신의 관성으로 딱딱한 껍질의 운동을 지연시키기 때문이다. 한마디로 말해서 액체 내용물이 제동기, 즉 브레이크의 역할을 하는 것이다.

삶은 달걀과 날달걀은 회전을 멈출 때에도 서로 다르게 반응한다. 회전하고 있을 때 손가락을 대면 삶은 달걀은 곧바로 멈추지만 날달걀은 잠깐 멈추는 듯하다가 손을 떼면 다시 조금 더 회전한다. 이것 역시 관성 때문인데, 날달걀의 경우 딱딱한 껍질이 정지한 후에도 내부의 액체가 계속 운동하는 반면 삶은 달걀의 경우 내용물이 표면의 껍질과 동시에 멈추기 때문이다.

이런 실험은 또 다른 방법으로도 해볼 수 있다. 먼저 고리 모양의 고무줄을 자오선 방향으로 두 달걀에 씌운 다음 두 개의 동일한 끈으로 매단다(그림 2). 그리고 두 끈을 동일한 횟수만큼 꼰 다음 손을 뗀다. 그러면 삶은 달걀과 날달걀의 차이가 곧바로 드러난다. 삶은 달걀은

그림 2. 매달려서 회전할 때 삶은 달걀과 날달걀을 구별하는 법

원래의 상태로 돌아오면서 관성에 의해 끈을 반대 방향으로 꼬기 시작하고 잠시 후 다시 그것을 풀어 놓는다. 그리고 몇 번을 그런 식으로 되풀이한 다음 점점 회전 수를 줄여간다. 하지만 날달걀은 한두 번 회전한 다음 삶은 달걀이 멈추기 한참 전에 멈춰버린다. 이미 짐작을 했겠지만 바로 그 액체 내용물이 운동에 제동을 걸기 때문이다.

디스코팡팡

우산을 편 다음 뒤집어서 우산 꼭대기가 바닥으로 향하게 한 후 손잡이를 잡고 힘껏 돌려보자. 우산이 아주 빠르게 돌아갈 것이다. 그리고 회전하는 우산 속으로 종이 뭉치나 공을 던져 보자. 아마 공이나 종이 뭉치가 우산 속에 머물러 있지 못하고 밖으로 튕겨나갈 것이다. 흔히 이런 현상, 즉 원운동을 하는 물체나 입자에 작용하는, 원 바깥으로 나아가려는 힘을 '원심력'이라 부르지만 사실 이것은 관성이 나타나는 것에 불과하다. 공이 반지름 방향으로 튕겨나가는 것이 아니라 원운동 궤도의 접선 방향으로 튕겨나가기 때문이다.

이러한 회전운동의 효과에 착안해서 만든 독특한 놀이기구가 바로 '디스코 팡팡'이다(그림 3). 그러니까 유원지에 가서 이 기구를 타 보면 관성이 어떻게 작용하는지 직접 체험할 수 있다. 일단 회전판 위에 원하는 자세로 자리를 잡는다(앉아 있든, 서 있든 아니면 누워 있든 마음대로 해도 좋다). 회전판 아래의 모터가 수직축을 중심으로 회전판을 돌리기 시작하고, 회전판은 처음에는 천천히 돌다가 점점 더 빠르게 돌기 시작한다. 그러면 관성이 작용해서 플랫폼 위의 모든 사람이 회전

그림 3. '디스코팡팡'. 회전하는 원판 위의 사람들이 가장자리 밖으로 튕겨나간다

판 가장자리를 향해 미끄러지기 시작한다. 처음에는 이런 운동이 겨우 눈에 띌까 말까 할 정도지만 '승객들'이 중심에 있는 것이 아니라 원둘레 쪽에 있다면, 또는 중심에 있다가 중심에서 멀어져 점점 더 원둘레로 밀려날수록 돌아가는 속도도 증가하고 따라서, 운동의 관성도 점점 더 눈에 띄게 영향을 미치게 된다. 이제 제자리에 있어 보려고 애를 써도 소용이 없고 사람들은 '디스코팡팡'에서 튕겨져 나간다. 마찬가지로 가운데 있으면 원심력의 영향을 덜 받는다. 디스코팡팡에서 몸이 흔들린다고 자리에 앉거나 손잡이를 잡으려고 원둘레쪽으로 가게 되면 몸이 더 많이 흔들려서 주체할 수 없게 된다. 바로 여기에 디스코팡팡의 비밀이 숨겨져 있다.

지구 역시 본질에 있어서는 엄청난 크기의 '디스코팡팡'이라고 할 수 있다. 물론 회전기구처럼 사람을 밖으로 내던지는 일은 없다. 하지만 지구의 회전운동으로 인해 우리의 몸무게가 감소하는데, 가령 회전 속도가 가장 큰 적도에서 사람의 체중은 300분의 1만큼 감소하고 여기에 또 다른 원인에 의한 체중 감소까지 포함하면 적도상에서 모든 물체의 무게는 총 0.5퍼센트(즉 200분의 1)만큼 줄어든다. 결국 적도상에 있는 성인의 몸무게가 극지에 있는 성인의 몸무게보다 약 300그램 더 적다는 결론이 나온다.

잉크의 회오리

매끄러운 흰색 마분지를 동그랗게 오린 다음 그 중앙에 뾰족한 성냥개비를 꽂아 보자. 그러면 그림 4의 왼쪽과 같은 팽이가 만들어진다(팽이는 실물의 절반 크기로 나타냈다). 이제 팽이를 돌려 볼텐데 이때 별다른 손재주가 필요한 것은 아니다. 그냥 두 손가락으로 성냥을 잡아 비튼 다음 평평한 곳에 팽이를 떨어뜨리면 된다.

그림 4. 회전하는 종이 원판 위에서 잉크 방울이 번지는 모습.

이런 팽이로 우리는 아주 의미 있는 실험을 할 수 있다.

팽이를 돌리기 전에 작은 잉크 방울 몇 개를 원판 윗면에 묻힌 다음 잉크가 말라붙기 전에 팽이를 회전시켜 보자. 그리고 팽이가 멈춘 뒤 잉크 방울이 어떻게 되는지 살펴보자. 각각의 잉크 방울이 나선을 따라 퍼져나가 하나의 소용돌이를 이루고 있음을 알 수 있다.

하지만 이런 소용돌이 모양이 우연히 만들어지는 것은 아니다. 이 모양은 잉크 방울이 운동을 하면서 남긴 흔적들로 각각의 잉크 방울이 '디스코팡팡'의 회전 원판 위에 있는 사람이 경험하는 것과 똑같은 것을 경험하고 있음을 말해 준다.

팽이를 돌리면 잉크 방울은 원심 효과에 의해 빠른 속도로 중심으로부터 멀어지는데 이때 그 모양이 직선이 아닌 곡선 모양을 띠게 된다.

그 이유는 잉크 방울이 궤도를 그리며 나아가야 할 팽이 위의 지점들이 잉크 방울이 위치한 팽이 위의 지점들보다 빠르게 회전하기 때문이다. 즉, 잉크 방울보다 잉크 방울이 원심효과에 의해 이동해야 할 팽이 위의 한 지점이 더 빠르게 회전하여 잉크 방울들을 앞지르고, 잉크 방울은 원판 위를 미끄러지면서 뒤로 물러나기 때문이다.

이런 식으로 잉크 방울의 궤도가 휘어지게 되면 우리는 원판 위에서 일어나는 곡선 운동의 흔적을 보게 된다.

따지고 보면 지구상에서 일어나는 회오리바람도 마찬가지 원리로 발생한다. 고기압 발생 지점으로부터 흩어지는 기류('고기압계 역선풍'에서)나 저기압 발생 지점으로 모여드는 기류('사이클론'에서) 역시 잉크 방울의 경우와 같이 곡선 운동을 한다는 것이다.

지금까지 우리는 작은 팽이 하나로 잉크 방울의 행로를 살펴보았다. 하지만 바로 그것이 지구상에 거대한 회오리바람이 몰아치는 원리임을 알 수 있었다.

식물을 속여라

회전 속도가 빠르면 원심 효과가 중력의 작용을 뛰어넘는 크기에까지 다다를 수 있다. 여기서 한 가지 흥미로운 실험을 소개하겠다. 이 실험을 통해 평범한 바퀴가 회전할 때 얼마나 큰 원심력 즉, '바깥으로 내던지는 힘'이 나오는지 알 수 있다. 우리가 알고 있는 것처럼 어린 식물은 언제나 중력에 반대되는 방향으로 줄기를 뻗는다. 더 간단히 말해서 항상 위쪽으로만 자란다. 하지만 식물의 싹을 빠른 속도로 회전하는 바퀴의 테두리에서 움트도록 하면(100년 전 영국의 식물학자 나이트가 최초로 이 실험을 했다) 여러분은 놀라운 사실을 알게 된다. 뿌리는 밖을 향해 자라고 줄기는 안쪽으로 자라는 것이다(그림 5).

이 어린 식물은 마치 속임을 당하는 듯하다. 왜냐하면 중력 대신에 다른 힘, 즉 바퀴 중심에서 바깥쪽으로 작용하는 힘, 즉 원심력의 영향을 받고 있기 때문이다. 어린 싹은 항상 인력에 반대되는 방향으로 뻗어나간다고 했으니 이 경우에 싹은 바퀴의 안쪽, 즉 테두리에서 축 쪽으로 뻗어나간다. 인위적으로 만들어 놓은 인력이 자연의 중력보다

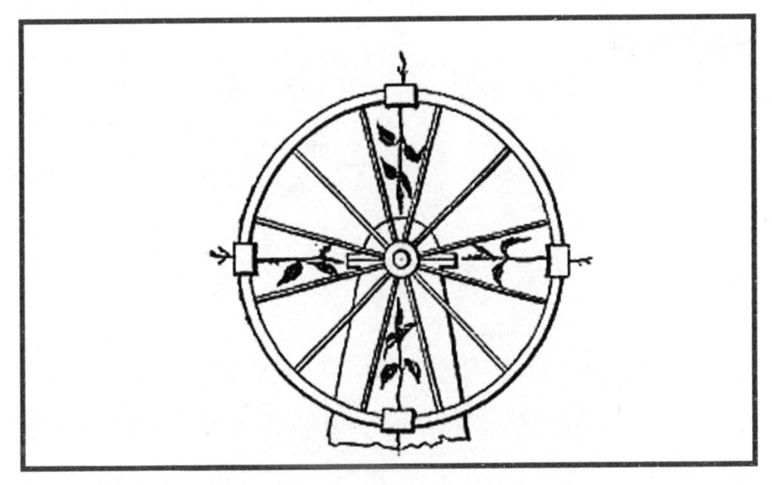

그림 5. 회전하는 바퀴의 테두리에 돋아난 콩의 싹들.
줄기들은 축 방향으로 자라고 뿌리들은 바깥쪽을 향하고 있다

더 강해진 것이다.* 결국 이 식물은 인위적 인력의 작용을 받으면서 자라나게 된다.

* 현대 물리학에서 이야기하는 중력은 여기서 이야기하는 중력과는 조금 다른 의미를 가지고 있다. 간단히 설명하기가 쉽지 않기 때문에 여기서는 설명을 생략하기로 한다.

영구기관

한때 사람들의 마음을 사로잡았던 것이 바로 영구기관, 즉 외부에서 아무 힘을 주지 않아도 영원히 움직일 수 있는 기계장치였다. 과학자들은 그것을 만들기 위해 온갖 노력을 기울였고, 권력자와 재력가들은 그것을 구할 수만 있다면 엄청난 액수의 돈도 기꺼이 내놓으려 했다는 기록도 있다.

'영구기관' 또는 '영구운동'이 뜻하는 바를 정확하게 짚고 넘어가자. 말 그대로 풀이하면 영구기관이란, 끊임없이 스스로를 작동시킴과 동시에 또 다른 유용한 일(가령 짐을 들어올리는 일)을 해내는 가상의 기계장치를 말한다. 그리고 영구운동이란, 어떤 일을 창출해 내지 못 하고 중단 없이 계속 운동하는 것을 말한다.

사실 이런 장치를 발명하려는 시도는 이미 오래전부터 있어 왔지만 성공한 사람은 아무도 없었다.

영구기관을 만드는 것이 현실적으로 불가능하다는 확신이 생겼고 이로부터 현대 과학의 근본적 주장인 에너지 보존의 법칙이 확립되었다.

그림 6의 가상 자동 기계장치는 가장 오래된 영구기관의 설계도 중 하나인데, 사실 이 아이디어를 열렬히 지지하는 사람들에 의해 몇 번이나 발명이 시도되었지만 번번이 실패로 끝나고 말았다. 이 장치의 바퀴 테두리에는 젖혀지는 막대들이 연결되어 있고 또 각각의 막대 끝에는 추가 달려 있다. 그리고 바퀴가 어떤 위치에 있더라도 오른쪽 추들이 왼쪽 추들보다 중심으로부터 더 멀리 젖혀진다. 즉 '바퀴의 오른쪽 반이 바퀴의 왼쪽 반을 항상 끌어당기기 때문에 바퀴는 축이 닳아 끊어질 때까지 계속 회전하게 된다'. 바로 이것이 발명가의 생각이었다. 하지만 이런 장치가 만들어진다 해도 그것이 제대로 작동하지는 못할 것이다. 발명가의 예상은 왜 빗나갔던 것일까?

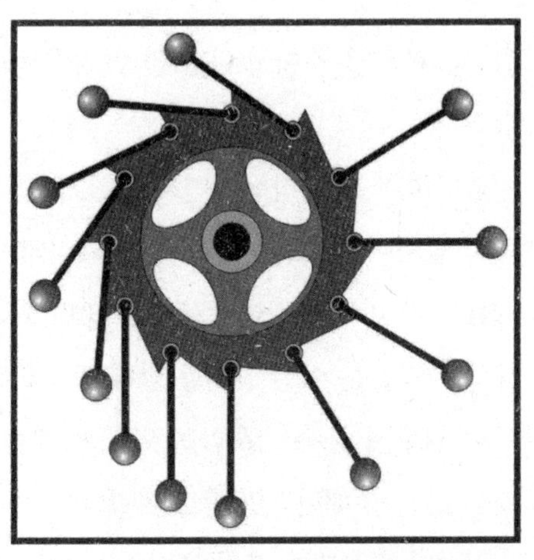

그림 6. 중세시대에 고안된 가상의 수레바퀴. 당시의 사람들은 이것이 영구적으로 작동할 것이라고 여겼다

오른쪽 추들이 항상 중심으로부터 더 멀리 떨어져 있는 것은 사실이다. 하지만 왼쪽 추들의 수가 오른쪽 추들의 수보다 더 많을 수밖에 없다. 그림 6을 보면 오른쪽에는 4개의 추가 있고 왼쪽에는 8개의 추가 있다. 즉 전체 시스템이 평형을 이루고 있는 것이다. 당연히 바퀴는

돌아가지 않을 것이고 다만 몇 번 흔들린 다음 그대로 멈춰 버릴 것이다.*

영원히 스스로 작동하면서 일까지 해내는 기계장치. 이제 이런 장치의 발명이 불가능하다는 것이 확실히 증명되었으니 더 이상 이 문제를 놓고 머리를 쥐어짤 필요도 없다. 하지만 과거에는, 특히 중세 시대의 사람들은 이런 장치를 발명하기 위해 많은 노력을 기울였고, 심지어 싸구려 금속으로 금을 만드는 기술보다 이런 장치를 발명하는 것을 훨씬 더 매력적인 일로 여겼다.

러시아의 유명한 시인 푸쉬킨의 희곡 〈기사도 시대의 장면들〉에서 베르톨드라는 인물을 통해 묘사된 한 공상가의 모습을 살펴보자.

> "영구운동이 뭐죠?" 마르트인이 물었다.
>
> "영구운동이란—베르톨드가 대답했다—끊임없이 운동하는 것을 말합니다. 그런 운동을 찾아낸다는 것은 곧 인간에게 주어진 창조의 한계를 넘어선다는 것입니다. 보세요, 마르트인씨! 금을 만들어 낸다는 것은 아주 매력적인 일입니다. 정말 흥미롭고 유익한 발견이지요. 하지만 영구운동을 찾아낸다는 것은……. 아~!……."

지금까지 수백 가지의 '영구기관'이 만들어졌지만 그중에서 제대로 작동된 것은 하나도 없었다. 여기에는 발명가들이 미처 생각하지 못한 상황이 있었고 바로 그 상황 때문에 모든 계획이 수포로 돌아가고

---

* 이러한 시스템의 운동은 이른바 모멘트 정리에 의해 설명된다.

말았다.

가상 영구기관의 또 다른 예로, 무거운 쇠구슬들이 홈을 따라 굴러다니는 바퀴가 있다(그림 7). 이 바퀴를 만든 발명가는, 바퀴 한쪽의 쇠구슬들이 다른 쪽 쇠구슬들보다 테두리 쪽에 더 가깝게 있기 때문에 그 무게에 의해 바퀴가 회전하게 될 것이라고 상상했다.

물론 그런 일은 일어나지 않을 것이다. 왜냐하면 그림 6에서 살펴본 것처럼 장치 전체가 평형을 이룰 것이기 때문이다. 그런데 바로 이 가상의 장치가 광고 목적으로 제작된 적이 있었다. 그것은 미국의 한 도시에 있는 카페에서 사람들의 눈길을 끌기 위해 거대한 바퀴를 만들었던 것이다(그림 8). 사실 이 '영구기관'은 교묘하게 감춰진 외부 장치에 의해 작동되지만 구경꾼들은 그 사실을 알아차리지 못했다. 그저 바퀴 홈을 따라 이동하는 무거운 쇠구슬 때문에 바퀴가 돌아가는 줄로만 알았던 것이다. 잘못된 영구기관의 예는 이뿐만이 아니었다. 한때 시계점 진열창에 진열된 영구기관이 사람들의 눈길을 끌었는데 알고 보면 그것 역시 전기의 힘으로 작동된 것이었다.

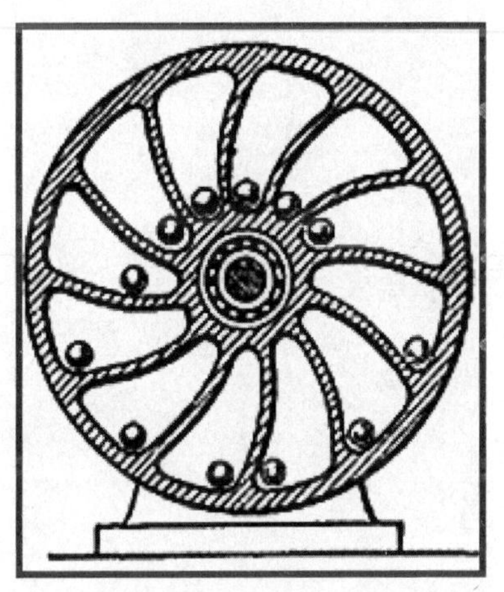
그림 7. 구르는 쇠구슬에 의해 돌아간다는 가상의 영구기관

한번은 광고용으로 제작된

그림 8. 광고를 위해 설치된 가상의 영구기관(캘리포니아 주 로스엔젤레스)의 실제 모습

'영구기관' 때문에 진땀을 뺀 적이 있었다. 내 제자들이 그 장치를 보고 얼마나 깊은 감명을 받았던지, 내가 영구기관 같은 건 있을 수 없다고 아무리 설명하고 증명해 보여도 여전히 냉담한 태도만 보였다!

쇠구슬이 바퀴를 회전시키고 또 그 바퀴에 의해 쇠구슬이 위로 올라가는 장면이 나의 주장보다 훨씬 더 설득력이 있었던 것이다. 정말이지 '기계가 만들어 내는 가짜 기적이 실제로는 시 전력망이 공급하는 전기에 의한 것'이라는 사실을 믿게 하기가 너무도 힘들었다. 하지만 한 가지 다행한 일은, 당시에는 휴일이 되면 전기가 공급되지 않는다는 것이었다. 이 사실을 미리 알고 있었던 나는 휴일에 시계점 진열창에 가 보라고 했고 제자들은 나의 말을 따랐다.

"그래, 그 기관을 보았는가?" 나는 이렇게 물었다.

"아니요, 그게 보이지가 않더라구요. 신문지로 가려 놔서 그만……."

제자들은 무안해하며 이렇게 대답했다.

이렇게 해서 에너지 보존의 법칙은 다시금 사람들의 신뢰를 얻게 되었다. 그리고 그 후로도 더 이상 의심받는 일은 일어나지 않았다.

소설 속의 영구기관

'영구기관'의 발명이라는 흥미진진한 문제는 수많은 러시아 발명가들을 힘들게 만들었다. 그리고 그 발명가들 중에 알렉산드르 쉐글로프라는 한 시베리아 농민이 있었는데, 그는 19세기 러시아 풍자 작가 M. E. 살티코프-시체드린의 중편 소설 《현대의 전원시》에서 프레젠토프라는 한 중산층 시민의 형상을 통해 묘사되기도 했다. 다음은 이 발명가의 작업실에서 있었던 일을 묘사한 대목이다.

마른 체격에 창백한 얼굴 그리고 수심 가득한 큰 눈을 가진 프레젠토프는 서른다섯 살가량의 중산층 시민이었다. 그가 사는 집은 꽤 넓은 편이었지만 커다란 플라이휠(=관성 바퀴, 회전 속도를 고르게 하기 위해 장치된 바퀴—옮긴이)이 집의 절반을 차지하고 있어서 그곳에 들어가는 것도 쉽지가 않았다.

집 안으로 들어가 바퀴를 잘 살펴보니 그것은 바퀴살이 박힌, 가운데가 뻥 뚫려 있는 바퀴였고, 또 바퀴 테는 속이 빈 궤짝처럼 널빤지로 짜 맞춰 놓은, 부피가 큰 테였다. 발명가의 비밀 장치는 바로 이 빈 바퀴 테 속에 들어 있었다. 물론 비밀이라고 해 봐야 그리 대단한 것은 아니었다.

그냥 모래로 가득찬 자루들이 서로 균형을 잡아주고 있을 뿐이었다. 그리고 여러 개의 바퀴살 중 하나에 막대가 꽂혀 있었는데 바로 이 막대가 바퀴를 잡아주고 있었던 것이다.

"영구운동의 법칙을 실제에 적용했다고 들었는데, 맞습니까?"

내가 말을 꺼냈다.

"글쎄요, 어떻게 말해야 할지. 아마도 그런 것 같습니다."

그가 당황하며 말했다.

"좀 봐도 될까요?"

"그럼요, 얼마든지요!"

그는 바퀴가 있는 쪽으로 우리를 데리고 가서 바퀴 주위를 돌아보게 했다.

"돌아가나요?"

"돌아가지요. 그런데 이놈이 변덕을 좀 부려서……."

"막대를 빼 볼까요?"

프레젠토프가 막대를 빼냈지만 바퀴는 까딱도 하지 않았다.

"이게 또 말썽을 부리는구만, 한 번 돌려 줘야겠어."

이렇게 말한 뒤 그는 양손으로 바퀴 테를 움켜잡고 위아래로 몇 번 흔든 다음 힘껏 바퀴를 돌렸다. 그러자 바퀴가 돌아가기 시작했고 몇 번까지는 매끄럽고 빠르게 회전했다. 하지만 얼마 안 가서 바퀴 테 안에 있던 모래주머니들이 널빤지를 쿵 쳤다가 다시 툭 미끄러져 떨어졌고 바퀴는 점점 더 느리게 돌기 시작했다. 급기야 무언가가 드르륵 긁히는 소리와 삐걱거리는 소리가 나더니 결국에는 바퀴가 완전히 멈춰서고 말았다.

"뭐가 걸렸구만. 그렇다면……."

발명가는 당혹스러운 표정을 지으며 다시 한번 힘껏 바퀴를 돌렸다.

하지만 결과는 마찬가지였다.

"혹시 마찰이 생기는 것을 예상하지 못한 것은 아닌가요?"

"마찰도 예상했는데……. 아니 마찰이 왜요? 이건 마찰 때문에 그런 것이 아니라 저기…… 에이 가끔 이랬다 저랬다 변덕을 부리고 애를 먹일 때가 있어요. 제대로 된 재료로 만들었으면 모를까, 쓰다 남은 자투리들로 만들면 이렇게 되는 것 같습니다."

여기서 '뜻하지않은 방해'와 '제대로 된 재료'는 전혀 문제가 되지 않는다. 정작 문제가 되는 것은, 장치를 발명함에 있어 근본적으로 잘못된 원리가 적용되고 있다는 점이다. 이 바퀴는 발명가가 가한 '충격'에 의해 조금 돌아가기는 했지만 외부로부터 전달된 에너지가 마찰을 극복하는 데 다 소진되자마자 멈춰서고 만 것이다.

"기적이다, 기적이 아니다"

'영구'기관을 발명하겠다는 헛된 열망은 많은 사람들을 비참한 상황으로 몰아넣었다. 가령 내가 아는 한 공장 노동자는 평생 일해서 모은 돈을 '영구'기관 만드는 일에 쏟아부었는데 아니나 다를까 완전히 알거지 신세가 되고 말았다. 헐벗고 굶주려 있었음에도 불구하고 그는 사람들에게 '이번에는 제대로 작동할 것'이라고 장담하며 '최종 모델'을 만드는 데 필요한 돈을 부탁했다. 정말 안타까운 것은, 그가 가난에 시달릴 수 밖에 없었던 진짜 이유가 물리학의 가장 기본이 되는 원리를 몰랐기 때문이라는 사실이다.

'영구'기관을 발명하려는 시도들이 항상 실패로 끝나긴 했지만, 반대로 그것이 실현 불가능하다는 것을 뼈저리게 깨달음으로써 오히려 유익한 발견을 하게 되는 경우도 있었다.

좋은 예로 네덜란드 학자 스테빈(Simon Stevin, 1548-1620)이 경사면에서의 '힘의 평형 법칙'을 발견할 때 사용했던 방법을 들 수 있는데, 오늘날 우리가 늘 사용하고 있는 많은 발견들의 중요성을 생각한다면 이 수학자는 자신이 얻은 것보다 훨씬 더 큰 명성을 얻어야 마땅하다.

스테빈은 힘의 평행 사변형 법칙에 의지하지 않고 오직 하나의 도면(그림 9)만을 이용함으로써 경사면에서의 힘의 평형 법칙을 발견한다. 자, 14개의 쇠구슬로 연결된 사슬을 그림과 같이 삼각 프리즘 위에 걸쳐놓으면 어떤 일이 일어날까? 화환처럼 아래로 드리워진 사슬의 아랫부분은 저절로 평형을 이룰 것이다. 하지만 사슬의 나머지 두 부분은 어떻게 될까? 오른쪽 두 개의 쇠구슬이 왼쪽 네 개의 쇠구슬에 의해 평형을 이룰 수 있을까? 만일 그렇지 않다면 사슬이 오른쪽에서 왼쪽으로 계속 끌려가겠지만, 우리가 아는 한, 오른쪽 두 개의 쇠구슬은 분명 평형을 이루게 된다. 마치 기적이라도 일어나듯, 두 개의 쇠구슬이 네 개의 쇠구슬과 똑같은 힘으로 끌어당기는 것이다

하지만 스테빈은 바로 이 거짓 기적으로부터 하나의 중요한 역학

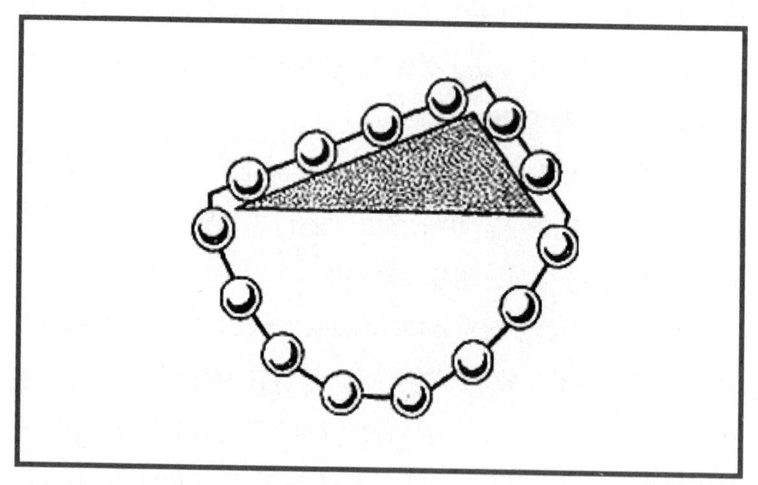

그림 9. '기적이 기적이 아니다'

법칙을 이끌어낸다. 그의 생각은, 두 개의 사슬, 즉 긴 사슬과 짧은 사슬의 무게가 서로 다르고 이때 하나의 사슬이 다른 사슬보다 더 무거운 비율은 프리즘의 긴 면이 짧은 면보다 더 긴 비율과 같다는 것이었다. 따라서 줄로 연결된 두 추는, 그 무게가 두 면의 길이에 비례하면, 경사면에서 서로 평형을 이룬다는 결론이 나오는 것이다.

한편 짧은 면이 수직을 이루는 특별한 경우에는, '경사면 위의 물체를 잡아두기 위해서는 물체의 무게보다 작은 힘을 경사면 방향으로 가해야 한다'는 역학 법칙이 성립된다(여기서 물체의 무게보다 작은 비율은 경사면의 길이가 그 높이보다 더 큰 비율과 같다).

또 하나의 '영구기관'

한 발명가가 그림 10과 같은 장치를 만들었다. 여러 개의 바퀴에 무거운 쇠사슬을 걸면, 쇠사슬의 오른쪽 반이 왼쪽 반보다 항상 더 길어지고 이 길어진 오른쪽 반이 왼쪽 반보다 더 무거워져 계속 아래로 끌어당겨지면 결국 장치 전체가 운동을 하게 된다는 것이다. 이 발명가의 생각이 과연 맞는 것일까?

물론 그렇지 않다. 앞에서 우리는, 서로 다른 각도로 힘이 작용할 경우 무거운 쇠사슬과 가벼운 쇠사슬이 서로 평형을 이룰 수 있다고 했는데, 그림 21에 보인 장치 역시 마찬가지 경우라고 할 수 있다. 왼쪽 쇠사슬이 수직으로 팽팽히 잡아당겨져 있는 반면 오른쪽 쇠사슬은 비스듬하게 기울어 있다. 따라서 오른쪽 쇠사슬이 더 무겁기는 해도 왼쪽 쇠사슬을 끌어당기지는 못한다. 기대했던 '영구'운동은 결국 일어나지 않는다.

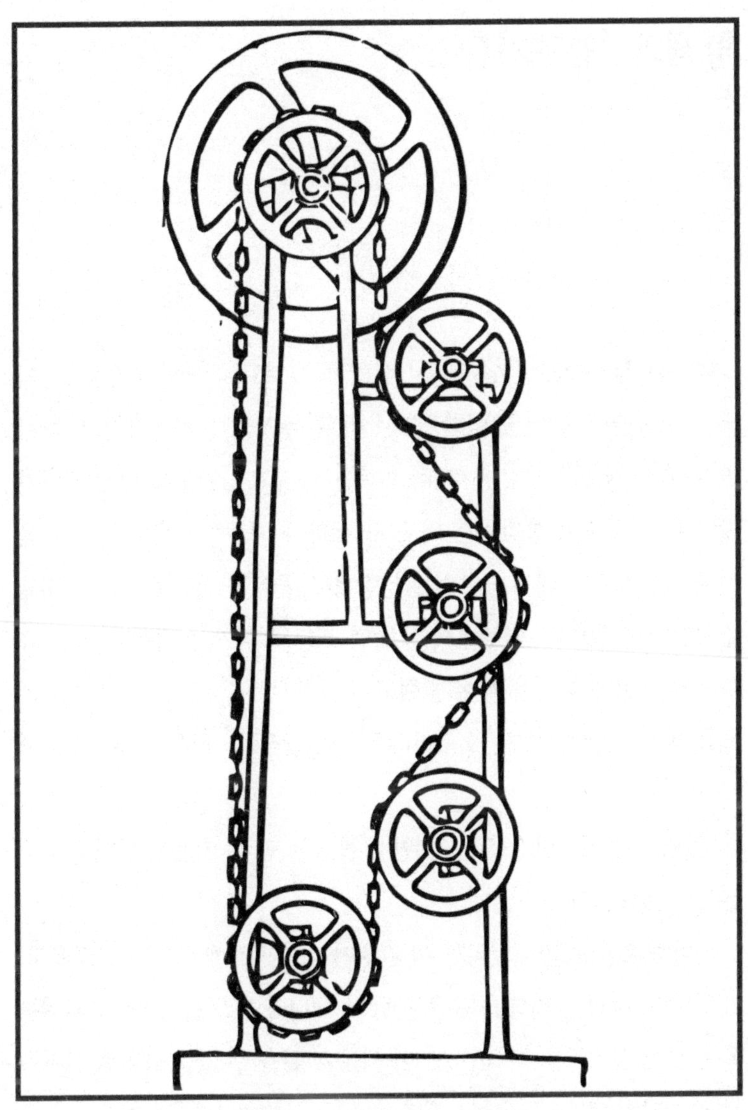

그림 10. 이것이 과연 영구기관일까?

황제와 '영구기관'

1715년부터 1722년까지 러시아 황제 표트르 대제와 수많은 편지를 주고받은 사람이 있었다. 그는 바로 독일의 오르피레우스 박사(1680~1745, 독일의 의사, 엔지니어, 연금술사—옮긴이)였는데 당시에 그가 발명한 '자동으로 움직이는 바퀴'가 세상을 떠들썩하게 하자 소문을 전해들은 표트르 대제가 그의 발명품을 사들이기 위해 수많은 편지를 주고받았던 것이다. 발명품이 탐났던 표트르 대제는 박식한 사서 슈마헤르를 보내 협상을 벌이게 했고 슈마헤르는 '돈만 많이 준다면 기계를 팔 생각이 있다'는 오르피레우스의 말을 그대로 황제에게 전했다.

"발명가가 제시한 조건은 '10만 루블을 주면 이 기계를 넘겨주겠다'는 것이었습니다."

슈마헤르의 보고에 의하면 이 발명가는, "이 기계는 정말 놀라운 기계입니다. 사악한 마음을 품은 사람이 아니라면 그 누구도 이 기계를 욕할 수 없을 것입니다. 하지만 이 세상은 믿을 수 없는 사악한 인간들로 넘쳐나지 않습니까"라고 했다.

보고를 받은 표트르 대제는 1725년 1월, 독일 방문을 결심한다. 대체 무엇이길래 그토록 세상을 떠들썩하게 만드는지 직접 가서 확인하고 싶었던 것이다. 하지만 표트르 대제의 계획은 실행에 옮겨지지 못했다. 뜻밖의 죽음이 그를 찾아왔기 때문이다.

오르피레우스라는 사람은 대체 누구였을까? 또 그가 발명한 기계장치라는 것은 과연 어떤 것이었을까? 지금부터 그 정체를 밝혀보자.

1680년 독일에서 태어난 오르피레우스의 원래 성은 베슬레르였다. 신학과 의학, 회화를 공부했던 그는 결국 '영구기관'까지 발명하는데 이 발명품 덕분에 평생을 유복하게 살았다고 한다. 아마 영구기관의 발명을 시도했던 수천 명의 발명가들 중에서 가장 유명했고 또 가장 큰 성공을 거둔 사람이었다고 해도 과언이 아닐 것이다(그가 세상을 떠난 것은 1745년의 일이었다).

그림 11은 1714년 발명 당시에 이 장치가 어떤 모습을 하고 있었는지를 옛 문헌에 기초해서 재현해 본 것이다. 커다란 바퀴가 마치 저절로 돌아가는 것처럼 묘사되었고 또 무거운 짐을 아주 높이 들어올릴 수 있는 것처럼 묘사되었다.

처음에 이 발명품은 기껏해야 시장들에서나 소개되곤 했다. 하지만 얼마 안 가서 그 명성이 독일 전체로 퍼졌고 이제 오르피레우스는 수많은 유력 인사들의 비호를 받는 몸이 되어 있었다. 폴란드 왕이 그에게 관심을 보였고 독일의 제후 게센-카셀스키도 후원을 아끼지 않았다. 특히 게센-카셀스키는 자신의 궁을 사용해도 좋다는 특별 대우까지 하게 되는데 사실 이렇게 함으로써 오르피레우스의 기계를 시험해 볼 수 있는 좋은 기회를 얻었던 것이다.

1717년 11월 12일, 격리실에 설치되어 있던 영구기관이 드디어 움직이기 시작했다. 격리실 문이 자물쇠로 채워져 봉인되었고 문 앞에는 두명의 건장한 병사가 배치되어 물샐틈없는 경계가 시작되었다. 14일 동안 어느 누구도 이 격리실 근처를 얼씬거릴 수 없었다.

11월 26일, 격리실 문의 봉인이 떼어지고 게센-카셀스키와 시종들이 숨을 죽이며 방 안으로 들어갔다. 그런데 이게 어찌된 일인가, 바퀴가 처음 속도를 유지하면서 계속 돌고 있는 것이 아닌가!

사람들은 기계를 정지시키고 아주 세밀하게 관찰한 다음 다시 한번 작동시켜 보기로 한다. 격리실은 다시 봉인되어 40일 동안 출입이 금지되었고 두 명의 건장한 병사가 문 앞에서 경계를 서게 되었다. 1718년 1월 4일, 다시 한번 봉인이 떼어지고 격리실 문이 열렸지만 감정위원회 사람들의 눈에 비친 모습은 전과 다를 바가 없었다. 바퀴가 멈추지 않고 계속 돌고 있었던 것이다.

제후는 이것으로도 만족할 수 없었다. 결국 세 번째 실험을 하게 되었고 또다시 두 달이라는 시간이 흘렀다. 하지만 기관은 여전히 움직이고 있었다.

발명가의 기계에 탄복한 제후가 '이 영구기관은 1분에 50번을 회전하고 16킬로그램의 물건을 1.5미터 높이까지 들어올릴 수 있으며 대장간 풀무와 연마 공작기계까지도 작동시킬 수 있다'는 공식 증명서를 써주었고, 오르피레우스는 이 증명서를 들고 전 유럽을 순회한다. 만약 표트르 대제에게 기계를 팔기만 했어도 그는 10만루블이 넘는 돈을 받아 엄청난 부자가 되었을 것이다.

오르피레우스 박사가 놀라운 장치를 발명했다는 소문은 빠른 속도로 전 유럽으로 퍼져나갔다. 러시아도 예외는 아니었다. 그렇지 않아도 덩치 크고 복잡한 기계라면 사족을 못쓰던 표트르 대제는 그 소문을 듣자마자 당장 오르피레우스의 발명품에 마음을 빼앗기고 만다.

사실 표트르 대제가 오르피레우스의 존재에 대해 알게 된 것은 그가 외국 여행을 하고 있던 1715년의 일이었다. 그의 발명품에 흥미를 갖게 된 표트르 대제는 당시 외교관으로 명성을 떨치던 A. I. 오스테르만 백작(1686-1747, 독일 태생의 러시아 외교관—옮긴이)에게 오르피레우

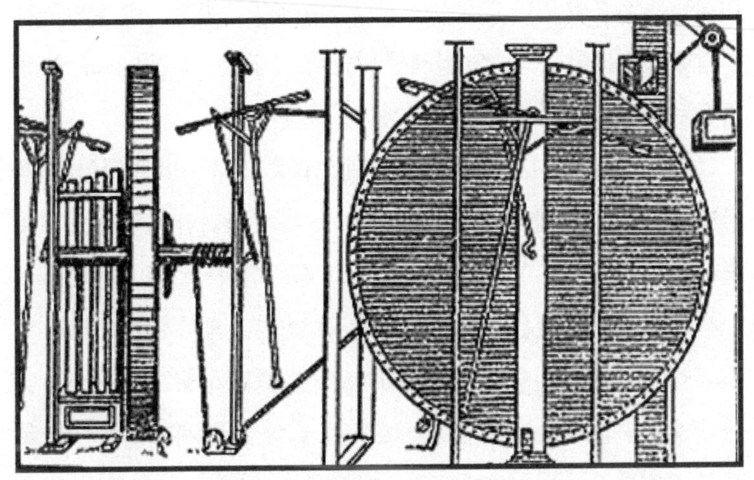

그림 11. 표트르 대제가 구입할 뻔했던 오르피레우스의 자동으로 움직이는 바퀴

스의 발명품에 대해 좀 더 자세히 알아보라고 지시하였고 오스테르만 백작은 그 장치를 직접 보지는 못했지만 어쨌든 자세한 보고서를 황제에게 써보낼 수 있었다. 백작의 보고서를 읽은 표트르 대제는 오르피레우스를 자기 곁에 두고 싶다는 생각을 하게 되고 결국 저명한 철학자이자 로모노소프(1711-1765, 러시아 최초의 세계적 자연과학자이자 백과전서파 학자—옮긴이)의 스승이기도 했던 크리스챤 볼프(1679-1754, 독일의 백과전서파 철학자—옮긴이)의 의견을 묻기에 이른다.

명성이 자자해진 발명가에게 사방으로부터 달콤한 제의들이 쏟아지기 시작했다. 권세를 가진 자들이 후원을 아끼지 않았고 또 기적의 바퀴를 예찬하는 송시와 찬가가 만들어지기도 했다. 하지만 그에게 등을 돌린 용감한 사람들도 있었다. 오르피레우스의 발명품에 뭔가 미심쩍은 부분이 있다고 생각한 사람들이 공공연하게 그를 비난하기 시작했고 심지어 속임수의 실체를 밝혀내는 사람에게 천 마르크의 상금을 준다는 제안이 나오기까지 했다.

그림 23은 당시 한 팜플렛에 실렸던 그림을 그대로 따온 것인데, 팜플렛 저자의 설명에 따르면, 칸막이 기둥 뒤에 가려진 바퀴축 일부에 줄이 감겨져 있었고 누군가가 숨어서 그 줄을 잡아당겼다고 한다.

사실 박사의 비밀은 비밀이라고 할 수 없었다. 왜냐하면 아내와 하녀가 발명품의 비밀을 자세히 알고 있었기 때문이다. 그러던 어느날 아내와 하녀가 박사와 말다툼을 했고 결국 이 일을 계기로 박사의 교묘한 사기행각이 만천하게 드러나게 되었다. 실제로 이 '영구기관'을 움직인 것은 사람들이었다. 보이지 않는 곳에 몰래 숨어 가느다란 끈을 잡아당긴 사람들이 있었는데 그 사람들은 바로 발명가의 동생과 하녀였다.

속임수가 드러난 후에도 발명가는 자신의 잘못을 인정하지 않았고 그저 자신에게 앙심을 품은 아내와 하녀가 쓸데없이 입을 놀린 것이라고 주장했다. 하지만 그에 대한 사람들의 신뢰는 이미 땅바닥에 떨어져 있었다. 그래서였을까, 발명가는 표트르의 사자(使者) 슈마헤르에게 "온 세상이 악한 사람들로 가득차 있고 그들은 정말 믿을 수가 없다"고 되뇌였는데 참으로 아이러니가 아닐 수 없다.

표트르 대제 시절, 세상을 떠들썩하게 했던 영구기관들 중에는 독일의 게르트너가 발명한 영구기관도 있었다. 이 기계에 대해 슈마헤르는 "내가 드레스덴에서 본 게르트너 씨의 영구기관은 모래를 가득 채운 마포 자루와 숫돌(칼 따위의 연장을 갈아서 날을 세우는 데 쓰는 돌-옮긴이) 모양의 장치로 이루어져 있다. 이 기계가 자동으로 움직이는 것은 사실이지만 아주 크게 만들 수는 없다는 것이 발명가의 설명

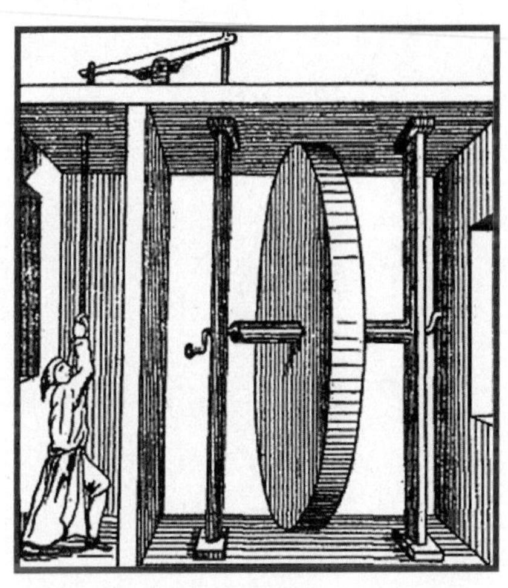

그림 12. 오르피레우스 바퀴의 비밀이 폭로되다

이었다"라고 썼다. 슈마헤르의 말에 비추어 볼 때, 게르트너의 영구기관 역시 자신의 목적을 이루지 못한 것이 분명하다. 기껏해야 그럴듯하게 눈속임을 한 복잡한 장치에 불과했을 뿐 결코 '영구적'이지는 못했던 것이다. 표트르 대제에게 "프랑스와 영국의 학자들이 발명한 기계는 수학적 원리에 어긋나는 것입니다"라고 보고한 슈마헤르의 말은 전적으로 옳았다.

CHAPTER 3

끓는 물에도 녹지 않는 얼음이 있을까?

열현상

철도의 길이는 여름과 겨울 중 어느 때 더 길까?

"러시아 최초의 철도 옥탸브리스카야 철도는 길이가 얼마나 되죠?"라는 질문에 어떤 사람이 "평균 640km이고 여름에는 겨울보다 약 3백미터 더 길다"고 대답했다.

언뜻 듣기에 말이 안 되는 것처럼 들리지만 여기에는 그럴만한 이유가 있다. 만약 연속된 철길의 길이를 철도의 길이로 본다면 겨울보

그림 1. 뜨겁게 가열되면 철도의 길이가 늘어난다?

다 여름에 철도의 길이가 더 길어진다는 말이 맞다. 여기서 잊지 말아야 할 것은 가열에 의해 레일 온도가 섭씨 1도 상승할 때마다 10만분의 1만큼 그 길이가 늘어난다는 사실이다. 푹푹 찌는 여름날에는 레일의 온도가 섭씨 30~40°C까지 올라갈 때가 있고 심지어 태양열로 뜨겁게 달구어진 레일이 손에 화상을 입히는 경우도 있다. 그리고 추운 겨울날에는 레일 온도가 섭씨 -25°C 이하로 떨어진다.

여름철의 레일 온도와 겨울철의 레일 온도의 차이 — 55°C — 를 좀 더 자세히 살펴보면, 철도의 총 길이 640km에 0.00001을 곱하고 여기에 다시 55를 곱하면 352m가 나온다! 즉, 철길의 길이가 겨울보다 여름에 약 352m 더 길다는 결론이 나온다.

여기서 변하는 것은 철도 길이가 아니라 전체 레일 길이의 합이다. 철도 레일들이 딱 붙어 있지 않기 때문에 철도의 길이와 레일의 길이의 합은 같지 않다. 레일과 레일의 접합부 사이에 작은 공간을 남겨두어 레일이 가열될 경우 자유롭게 늘어날 수 있도록 했기 때문이다.*

앞에서 계산한 결과가 보여주듯, 전체 레일 길이의 합은 두 레일 사이의 공간을 채우는 길이를 합한 값이다. 다시 말해서 한여름의 무더운 날씨에 레일 사이의 빈 간격이 채워져 레일의 전체 길이가 혹한의 날씨에 비해 352m 더 늘어나는 것이다. 따라서 여름철의 옥탸브리스

* 레일의 길이가 8미터라고 했을 때 이 간격은 0°의 온도에서 6밀리미터가 된다. 레일의 온도가 섭씨 65°까지 올라가면 이 간격이 완전히 메워지게 된다. 하지만 철도 레일의 경우 경사진 내리막에서 열차가 움직일 때 열차 차량이 레일을(때로는 침목까지도) 끌어당기거나 밀어서 레일과 레일 사이의 간극이 없어지고 레일들의 끝이 서로 딱 달라붙는 일이 자주 일어나게 된다. 결국 더이상 늘어날 공간이 없는 레일이 휘는 경우가 생기게 된다.

카야 철도의 길이가 겨울철의 그것보다 약 300m 더 길다는 말은 맞는 말이다.

벌 받지 않는 도둑질

매년 겨울만 되면 상트페테르부르크-모스크바 구간의 선로에서는 수백 미터의 값비싼 전화선과 전신선이 흔적도 없이 사라지는 이상한 일이 일어난다. 더욱 놀라운 사실은 범인이 누군지 잘 알고 있음에도 불구하고 아무도 이 일에 신경을 쓰지 않는다는 것이다.

물론 독자 여러분도 이 사건의 범인이 누군지 알고 있는데, 그것은 바로 추위다. 앞서 레일에 관해 이야기한 것이 전선에도 똑같이 적용될 수 있는데 다만 차이가 있다면, 구리 전화선의 경우 열로 인해 늘어나는 정도가 강철보다 1.5배 더 크다는 것뿐이다. 하지만 전선의 경우에는 하나로 연결되게 만들어야 하기 때문에 빈 공간이 전혀 없다. 따라서 우리는 상트페테르부르크-모스크바 구간의 전화선이 여름보다 겨울에 약 500m 더 짧다고 자신 있게 주장할 수 있다.

매년 겨울과 함께 찾아오는 추위 때문에 500m에 가까운 전선이 감쪽같이 사라지지만 전화와 전신 업무에는 아무 장애도 일어나지 않는다. 그리고 따뜻한 계절이 돌아오면 추위는 언제 그랬냐는 듯 훔쳐갔던 전선을 되돌려준다.

하지만 추위로 인한 수축 작용이 전선이 아닌 교량에서 일어나면 아주 나쁜 결과가 초래될 수도 있다. 이와 관련해서 1927년 12월에 발행된 한 신문의 보도 기사를 읽어보자.

> 좀처럼 보기 드문 강추위가 몇 일째 프랑스를 강타하고 있고 이 때문에 교량이 심각한 손상을 입었다. 교량의 철골 구조물이 추위에 수축되면서 철골 구조물을 덮고 있던 도로 블록들이 부풀어 올라 산산조각이 난 것이다. 현재 이 교량 위의 통행은 일시적으로 중단된 상태다.

이런 현상은 우리 주위에서 자주 볼 수 있는 현상으로 어떤 경우에 이런 현상이 일어나는지 살펴보는 것도 대단히 흥미로울 것이다.

그림 2. 겨울과 여름의 전선 길이의 차이를 고려해서 전선을 연결해야 한다

에펠탑의 높이

이제 '에펠탑의 높이가 얼마냐'는 식의 질문을 받는다면 여러분은 '300m'라고 대답하기 전에 "날씨가 어떨 때죠? 추울 때입니까 아니면 따뜻할 때입니까?"라고 되묻게 될 것이다.

실제로 에펠탑처럼 거대한 구조물의 높이가 모든 온도에서 동일할 수는 없다. 예컨대 길이 300m짜리 철봉의 온도가 1° 상승하면 철봉의 길이가 3mm 늘어난다는 것을 우리는 알고 있다. 에펠탑의 경우도 마찬가지인데 가령 온도가 1° 상승하면 탑의 높이가 3mm 늘어나는 것이다. 햇볕이 내리쬐는 더운 날 에펠탑 철재 구조물의 온도가 영상 40°까지 올라가지만 비가 내리는 쌀쌀한 날에는 철재 구조물의 온도가 영상 10°까지 떨어지고 또 추운 겨울이 되면 0°에서 영하 10°까지 떨어지기도 한다(파리의 기온이 이보다 더 크게 떨어지는 경우는 흔하지 않다). 다시 말해서 기온의 변동 폭이 40도 이상 되기 때문에 에펠탑의 높이 역시 3×40=120mm 또는 12cm 더 높아지거나 더 낮아진다.

하지만 에펠탑의 높이에 관한 새로운 사실은 여기서 그치지 않는다. 직접 측량해본 결과, 온도 변화에 대해 에펠탑이 공기보다 더 민감

그림 3. 에펠탑도 계절에 따라 높이가 변할까?

한 반응을 보인다는 사실이 밝혀졌다.

에펠탑은 공기보다 빨리 가열되고 공기보다 빨리 냉각된다. 그리고 구름이 잔뜩 낀 흐린 날 갑작스럽게 나타나는 태양에 대해서도 더 일찍 반응한다. 이처럼 에펠탑의 높이가 변한다는 것을 밝혀내는 데에 결정적인 역할을 한 것이 바로 니켈 특수강으로 만든 철선인데, 여기서 중요한 것은 이 철선이 온도 변화와 상관없이 거의 일정한 길이를 유지한다는 것이다. 이 놀라운 합금을 우리는 '불변강'이라 부른다.

결국 무더운 날의 에펠탑 꼭대기가 추운 날의 그것보다 약 10cm 더 높아지는 것인데 사실 이 정도의 높이는 에펠탑에 아무런 영향도 주지 않는다.

찻잔에서 수량계로

경험 많은 주부가 차를 컵에 따르기 전에 꼭 하는 일이 있다. 그건 바로 스푼을 컵 속에 집어넣는 일인데 특히 은으로 만든 스푼이면 더욱 좋다. 사실 이것은 컵에 금이 가는 것을 막기 위한 일종의 예방책인데 생활의 경험을 통해 아주 확실한 방법을 터득한 것이다. 과연 어떤 원리에 의해서 컵이 깨지지 않는 것일까?

우선 뜨거운 물 때문에 컵에 금이 가는 이유를 분명하게 이해할 필요가 있다.

원인은 컵이 불균등하게 팽창하는 데 있다. 컵에 부어진 뜨거운 물은 컵의 벽 전체를 한꺼번에 뜨겁게 만들지는 못한다.

컵 벽의 안쪽이 먼저 뜨거워지고 바깥쪽은 그 다음에 뜨거워지는 것이다. 따라서 뜨겁게 가열된 안쪽 벽은 곧바로 팽창하지만, 바깥쪽 벽은 아무 변화도 없는 상태에서 내부로부터 강한 압력을 받는다. 그 압력을 못견디면 곧바로 파열이 일어나면서 컵 유리가 쫙 갈라진다.

두꺼운 컵을 가지고 있다 해도 이런 '뜻밖의 일'이 자신에게는 일어나지 않을 것이라고 생각하는 것은 절대 금물이다. 왜냐하면 두꺼운 컵이 얇은 컵보다 뜨거운 물에 더 약하기 때문이다.

한마디로 두꺼운 컵이 얇은 컵보다 더 잘 깨진다. 이유는 두꺼운 컵보다는 얇은 컵이 전체적으로 더 빨리 뜨거워지기 때문이다. 얇은 컵의 경우 컵 전체의 온도가 균일해지는 속도와 팽창이 균일하게 일어나는 속도가 비슷해서 컵의 외벽 쪽이 강한 압력을 받지 않지만 두꺼운 컵은 외벽이 뜨거워지기 전에 내벽이 먼저 뜨거워져 압력을 가하기 때문에 더 쉽게 깨질 수 있다.

다만 한 가지, 얇은 유리 그릇을 고를 때 잊지 말아야 할 것이 있다. 컵의 측면 벽만 볼 것이 아니라 밑바닥도 얇은지 봐야 한다. 뜨거운 물을 부을 때 주로 컵 밑바닥이 먼저 가열되기 때문에 만약 바닥의 두께가 두껍다면 컵의 측면 벽이 아무리 얇아도 훨씬 쉽게 갈라진다. 그리고 아래쪽의 둥근 가장자리가 두껍게 돌출된 도자기 잔 역시 쉽게 금이 가거나 깨진다는 사실을 잊지 말아야 한다.

유리 그릇의 두께가 얇으면 얇을수록 가열 효과는 더 확실해진다. 가령 물을 끓일 때 많은 화학자들이 아주 얇은 용기를 사용하는데 이는 곧바로 버너 위에 올려놓고 가열해도 용기가 깨질 염려가 전혀 없기 때문이다.

물론 뜨겁게 가열되어도 전혀 팽창하지 않는 용기가 있다면 더 이상 바랄 나위가 없을 것이다. 석영의 경우 팽창하는 정도가 아주 미미해서 유리보다 15~20배나 적게 팽창한다. 그래서 투명한 석영으로 만든 두꺼운 용기는 아무리 가열해도 깨지지 않으며 심지어 빨갛게 달아오른 석영 용기를 갑자기 얼음물에 집어 넣어도 깨질 염려가 없다. 이것은 부분적으로 석영의 열전도성이 유리의 열전도성보다 훨씬 더 큰 것과도 관련이 있다.*

컵은 빨리 가열될 때만 깨지는 것이 아니라 갑자기 냉각될 때도 깨진다. 원인은 수축이 균일하게 일어나지 않기 때문이다. 컵의 외부 층은 냉각과 함께 곧바로 수축되는 반면 아직 냉각되지 않은 내부 층은 수축 작용을 일으키지 못한 채 바깥 층으로부터 강한 압력을 받는다. 그래서 갓 끓인 뜨거운 잼이 담긴 통조림을 갑자기 추운 곳에 내놓거나 차가운 물 속에 집어넣으면 안 된다.

다시 컵 속의 티스푼 얘기로 돌아가서 어떻게 티스푼이 컵의 깨짐을 막을 수 있는지 알아보자.

컵 벽의 내부 층과 외부 층이 가열 속도에서 큰 차이를 보이는 것은 아주 뜨거운 물이 한꺼번에 컵 속으로 부어질 때뿐이다. 따뜻한 물일 경우에는 가열과 팽창에서 유리의 서로 다른 부분이 큰 차이를 보이지 않는다. 따뜻한 물 때문에 용기가 깨지지 않는 것이다. 그렇다면 컵 속에 스푼을 집어넣었을 때는 무슨 일이 일어나는 것일까? 바닥에 떨어진 뜨거운 액체는 유리를 가열하기에 앞서(유리는 열을 잘 전도하지 못한다) 열을 잘 전도하는 '금속'에 자신의 열의 일부를 내주는데 이때 액체의 온도가 낮아지면서 뜨거운 액체가 따뜻한 액체로 바뀌기 때문에 컵이 깨지는 일은 거의 없다. 그리고 그 다음부터는 컵이 어느 정

* 석영 용기는 잘 용해되지 않는 성질이 강하기 때문에 실험용으로도 안성맞춤이다.

도 가열된 상태이기 때문에 뜨거운 물을 더 부어도 컵이 깨질 염려가 없다.

한마디로 말하면, 컵 속에 담긴 금속 스푼이(특히 스푼이 무겁고 클 때) 컵 각 부분의 균일한 가열을 가능케 하고 그럼으로써 유리의 깨짐을 막아준다.

그렇다면 은으로 만든 스푼이 더 좋은 이유는 무엇일까? 그것은 은이 열을 잘 전도하기 때문인데 가령 구리보다는 은으로 만든 스푼이 물의 열을 더 빨리 빼앗는다. 뜨거운 차에 담가 둔 은 스푼에 손을 데었던 기억을 떠올려 보라! 이런 특징들을 통해 이제 여러분은 스푼의 재료가 무엇인지까지도 정확하게 알아맞힐 수 있을 것이다. 구리 스푼에 손가락을 데는 일은 없다.

그림 4. 컵 속에 담긴 금속 스푼은 유리의 깨짐을 막아준다

한편 컵의 유리벽이 불균등하게 팽창한다는 사실로부터 우리는 비단 유리컵뿐만 아니라 증기보일러의 중요 부분 역시 파손의 위험을 안고 있다는 것을 짐작하게 된다. 보일러 내부의 물 높이를 표시하는 수량계가 그것인데 뜨거운 증기와 뜨거운 물에 의해 가열될 때 수량계 유리관의 내부 층이 외부 층보다 더 크게 팽창하고 이러한 장력에 증기와 물의 강한 압력이 더해지면서 유리관이 쉽게 깨지는 것이다. 그래서 이러한 깨짐 현상을 방지할 목적으로 종종 서로 다른 종류의 두 유리 층을 맞대어 붙여 수량계를 만드는 경우가 있다. 유리관 내부 층의 팽창 계수가 외부 층의 팽창 계수보다 크도록 만드는 것이다.

공중목욕탕의 장화에 관한 전설

겨울에는 밤이 길고 낮이 짧다. 그리고 여름에는 그 반대다. 이유가 뭘까? 겨울에 낮이 짧은 것은, 다른 모든 것(눈에 보이는 것과 보이지 않는 것 모두)과 마찬가지로, 추위로 인해 낮이 수축되기 때문이고 밤이 길어지는 것은 각종 조명등과 가로등이 켜져 밤이 따뜻하게 데워지고 팽창하기 때문이다.

체홉의 단편소설에 나오는 '돈 카자크군 퇴역 상사'가 들려주는 이 우스꽝스러운 추론은 물론 그 명백한 어리석음으로 비웃음을 살 만하다. 하지만 이렇게 '현학적인' 추론을 비웃는 사람들 자신이 그에 못지않게 어리석은 이론을 만들어내는 경우도 적지 않다.

뜨거운 목욕탕에 오래 있으면 발이 열을 받아 부피가 늘어나기 때문에 나중에 장화를 신으려 해도 발에 장화가 잘 들어가지 않는다는 이야기는 정말 그럴듯하게 들린다. 물에 퉁퉁 불은 발을 보고 어떻게 이 이야기가 거짓이라고 하겠는가? 하지만 거의 진실처럼 들리는 이 이야기는 완전히 왜곡시켜 설명하기 때문에 가능한 것이다.

여기서 제일 먼저 지적해야 할 것은, 목욕탕에서는 체온 상승이 거의 일어나지 않는다는 것이며, 상승한다고 해도 1° 이상 상승하는 일은 거의 없다(한증탕의 경우 최대 2°까지 상승한다). 이것은 인체가 주위 환경(열에 의한 영향)에 잘 맞서 싸워 일정한 수준에서 자신의 체온을 유지하기 때문에 가능한 일이다.

실제로 온도가 1~2° 상승한다 해도 인체의 부피가 늘어나는 정도는 아주 미미하다. 그래서 장화를 신는다 해도 발의 부피가 늘어난 것을 알아차리기란 쉽지가 않다. 인체의 뼈와 살의(딱딱한 부분과 부드러운 부분의) 팽창계수(일정한 압력하에서 온도를 1°C 올렸을 때 늘어난 부피 또는 길이와 원래의 부피 또는 길이의 비-옮긴이)는 수천분의 일을 넘지 않는다. 따라서 발바닥의 폭과 발등의 두께는 기껏해야 약 100분의 1센티미터 늘어날 것이다. 그렇다면 구두를 만들 때 0.01센티미터(머리카

그림 5. 물속에 오래 둔 발은 장화를 신는데 어려움을 느낀다. 부피가 늘어나서 그런 걸까?

락 굵기)의 오차도 허용하지 않을 만큼 아주 정확한 크기로 만든단 말인가?

목욕 후에 장화 신기가 어려운 것은 분명하다. 하지만 그 이유가 열팽창 때문은 아니다. 그것은 습기에 의한 피부 표피층의 팽창, 축축하게 젖은 피부의 표면 그리고 이와 유사한 현상들, 즉 열팽창과는 아무 관계도 없는 현상들로부터 기인하는 것이다.

기적은 어떻게 이루어졌는가?

고대 그리스의 기계학자, 알렉산드리아의 게론(분수를 발명했고 그것에 자신의 이름을 붙였다)이 남긴 기록에는 이집트 신관들이 사람들을 속이고 기적을 믿게 만드는 데 사용한 아주 기발한 방법 두 가지에 관한 이야기가 있다.

그림 6. 이집트 신관들의 《기적》을 폭로하다.
제단 위의 성화가 작용하여 신전의 문들이 저절로 열린다

그림 7. 제단 위의 성화가 활활 타오를 때 신전의 문이 저절로 열리게 해주는 장치의 구성도 (그림 6을 보라)

그림 6을 보면, 금속제 제단 속이 비어 있고 그 아래 지하실에 신전의 문들을 작동시키는 기계장치가 숨겨져 있음을 알 수 있다. 제단에 불을 피우면 우선 제단 속의 공기가 뜨거워진다. 그리고 가열된 공기의 부피가 팽창하면 지하실에 숨겨져 있는 물, 즉 지하실 물통 속에 담긴 물을 더욱 강하게 누른다. 그러면 용기에서 물이 밀려나오고 이 물은 관을 타고 양동이로 흘러 들어간다. 그리고 물이 차올라 양동이가 아래로 내려가면 문을 회전시키는 기계장치가 작동을 시작한다(그림 7).

깜짝 놀란 관람객들은 바닥 아래에 기계장치가 숨겨져 있으리라고는 상상도 하지 못한 채 하나의 '기적'을 목격하게 된다. 제단 위의 성화가 활활 타오르기 시작하자 신전의 문들이 '신관의 기도에 귀 기울이며' 마치 저절로 열리기라도 하듯 양쪽으로 활짝 열리는 것이다.

신관들이 만들어 낸 또 하나의 거짓 기적이 있다. 그림 8을 보자. 제단 위의 성화가 타오르기 시작하면 공기가 팽창하면서 아래쪽 기름통(신관 조각상 속에 감춰진)으로부터 기름이 관 속으로 빨려 들어가고 그 다음엔 마치 기적처럼 기름이 저절로 성화에 공급된다. 하지만 이 제단을 관리하는 신관은 몰래 기름통 마개를 뽑아야 했다. 그렇게 해야만 기름이 흘러나오는 것을 멈출 수 있었기 때문이다(마개를 뽑아 버리면 그 구멍을 통해, 팽창했던 공기가 쉽게 빠져나올 수 있기 때문이다). 기도하러 온 사람들이 공물을 너무 적게 낸다 싶으면 신관들은 이런 교묘한 속임수를 써서 사람들의 마음을 불안하게 만들었다.

그림 8. 또 하나의 '고대의 기적': 제단 위 성화의 불길 속으로 기름이 저절로 공급된다

태엽 없이 작동하는 시계

요즘엔 밧데리로 작동되는 시계가 있고 또 시계추가 달려서 추가 움직일 때마다 태엽이 감기는 장치들이 있지만 예전에는 그런 것들이 없었다. 손에 찬 손목 시계도 늘 태엽을 감아줘야만 움직이던 시대가 있었다. 사람들은 태엽을 감지 않고 시계를 작동시키는 방법을 연구했다.

태엽 없이 작동하는 시계, 아니 더 정확히 말해서 태엽을 감아주지 않아도 작동하는 시계에 대해 알아보자.

손목 시계에 대한 이야기가 아니다. 손목 시계보다는 조금 크지만 종탑 시계처럼 크지 않은 시계를 상상하기 바란다.

사람들은 여러 가지 원리 중 열팽창 원리에 의해 자동으로 태엽이 감기는 시계를 개발했다.

그림 9의 장치를 보면, 팽창계수가 높은 특수합금으로 만든 두 개의 축 Z_1과 축 Z_2가 주요부를 이루고 있다. 축 Z_1은 톱니바퀴 X의 톱니에 물려 있는데, 온도가 상승해 축의 길이가 늘어나면 톱니바퀴가 조금

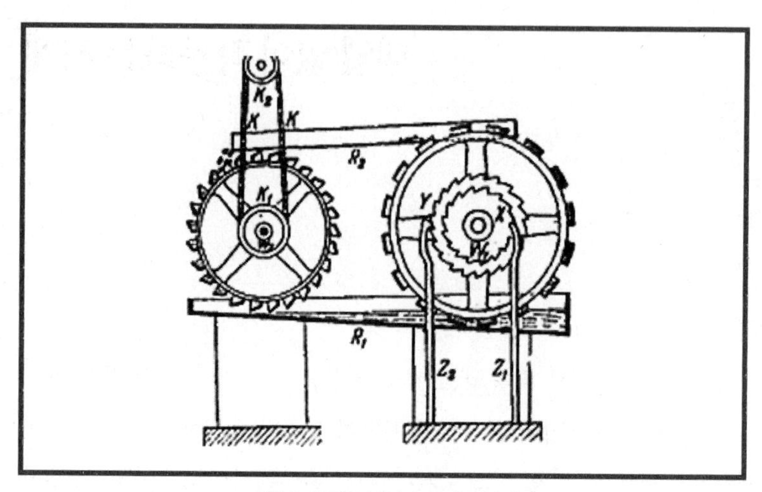

그림 9. 저절로 태엽이 감기는 장치

돌아간다. 또 톱니바퀴 Y의 톱니에 걸려 있는 축 Z_2가 차가워져 그 길이가 짧아지면 톱니바퀴 Y가 축 Z_2와 같은 방향으로 회전한다. 그리고 이 두 톱니바퀴는 회전축 W_1에 끼워져 있는데 회전축 W_1이 돌아가면 여러 개의 물받이가 달린 큰 바퀴가 회전하고 이때 아래쪽 홈통에 채워져 있던 수은이 바퀴 물받이에 퍼담겨 위쪽 홈통으로 옮겨진다. 위쪽 홈통에 모인 수은이 왼쪽 바퀴(역시 여러 개의 물받이가 달려 있다) 쪽으로 흘러 바퀴 물받이들이 수은으로 가득 차면 드디어 바퀴가 돌아가면서 체인 KK가 움직이기 시작한다(체인 KK는 바퀴 K_1과 바퀴 K_2의 둘레에 끼워져 있다). 그리고 체인 KK의 작동과 함께 바퀴 K_2가 시계 태엽의 용수철을 감기 시작한다.

그렇다면 왼쪽 바퀴의 물받이에서 흘러나오는 수은은 어떻게 될까? 수은은 다시 한번 자신의 위치 이동을 위해 기울어진 홈통 R_1을 따라 오른쪽 바퀴를 향해 흘러내린다.

보는 바와 같이 이 기계장치는 축 Z_1과 축 Z_2의 길이가 늘어나거나 줄어들 때까지 멈추지 않고 계속 움직인다. 그러니까 기온의 상승과 하락이 번갈아 일어나기만 하면 시계 태엽이 자동으로 감긴다는 얘긴데, 문제는 이런 현상이 저절로 일어난다는 것이다. 주위의 기온 변화 하나하나가 축의 길이를 길게 늘이거나 짧게 줄이기 때문에 시계의 용수철이 천천히 그러나 끊임없이 감기게 된다.

이런 시계를《영구》기관이라고 말할 수 있을까? 물론 아니다. 언제일지는 모르지만 시계는 언젠가는 멈추게 되어 있다. 하지만 여기서 분명한 것은 시계의 에너지원으로 사용되는 것이 바로 공기가 품고 있는 열이라는 사실이다. 다시 말해서 열팽창 에너지가 조금씩 비축되면서 시계 작동에 필요한 에너지가 끊임없이 공급된다. 시계를 작동시키는 데 비용이 드는 것도 아니고 또 수고를 들일 필요도 없기 때문에 그야말로 '무상'기관이라고 할 수 있는 것이다. 하지만 그렇다고 해서 아무 것도 없는 무에서 에너지가 만들어지는 것은 아니다. 지구를 데우는 태양열이 바로 에너지의 원천이다.

그럼 이번에는 태엽이 자동으로 감기는 시계들 중에서 이와 유사한 구조를 지닌 또 다른 시계에 대해 살펴보자(그림 10, 11). 이번에는 글리세린이 시계장치의 가장 중요한 구성요소가 된다. 우선 기온이 상승하면 글리세린이 팽창하는데 이때 작은 추가 위로 올라간다. 그리고

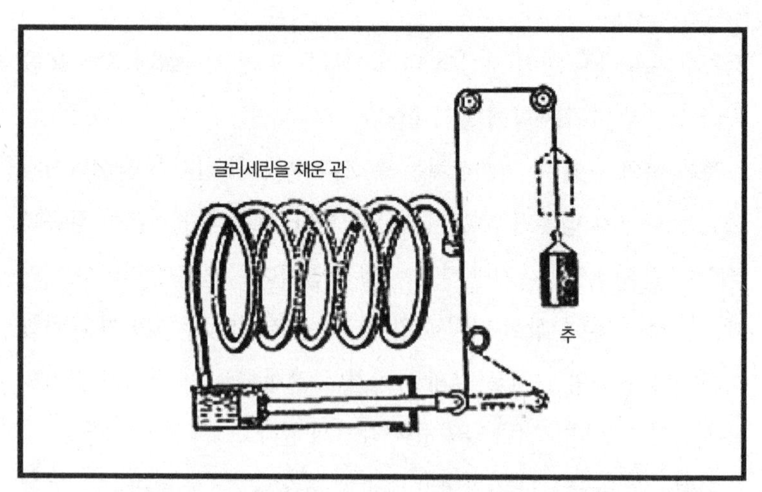

그림 10. 저절로 태엽이 감기는 시계의 또 다른 예. 시계 장치의 구성도

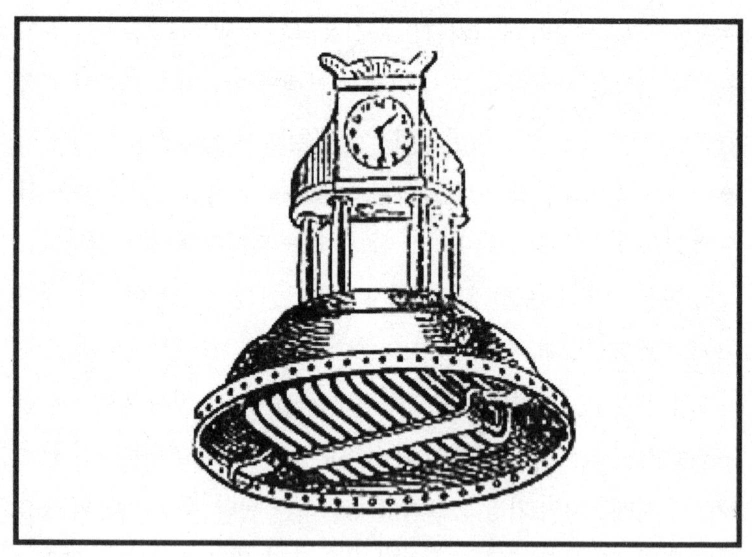

그림11. 저절로 태엽이 감기는 시계의 받침대 밑에 글리세린이 담긴 관이 숨겨져 있다

올라갔던 추가 아래로 떨어지면 장치가 움직이기 시작한다. 글리세린은 영하 30°C까지 떨어져야 고체가 되고 또 290°C까지 올라가야 끓기 시작한다. 이런 성질 때문에 글리세린을 이용한 시계 장치는 도시의 광장이나 야외에서 그 진가를 발휘한다. 가령 2°C 정도의 기온 변화만 일어나도 시계가 정상적으로 작동할 수 있는데 실제로 이런 시계들 중 하나를 놓고 1년 동안 실험을 했더니, 전혀 손을 대지 않았는데도 1년 내내 아주 만족할 만한 작동 결과를 보여 주었다.

이상한 연기

성냥통 위에 궐련이 놓여 있고 궐련 양쪽 끝에서 연기가 나고 있다(그림 12). 하지만 물부리(담배 파이프의 입을 대고 빠는 부분-옮긴이) 밖으로 빠져 나오는 연기가 아래로 내려가는 반면 나머지 한쪽 끝에서 나오는 연기는 위로 소용돌이쳐 오른다. 왜 그럴까? 양쪽에서는 어차피

그림 12. 궐련 한쪽 끝에서 나오는 연기는 위로 올라가고
다른 한쪽 끝에서 나오는 연기는 아래로 내려간다. 왜 그럴까?

똑 같은 연기가 뿜어져 나오는 것 같은데 말이다.

양쪽에서 나오는 연기는 똑 같은 연기가 맞다. 하지만 연기를 내며 타고 있는 쪽의 위로는 데워진 공기의 상승 기류가 흐르고 있어 연기 입자가 위로 끌려올라가는 반면 물부리 쪽으로 빠져나가는 연기는 공기가 물부리를 지나는 동안 차갑게 식기 때문에 공기와 함께 위로 올라가지 못한다(연기의 입자 자체가 공기보다 무겁기 때문에 연기 입자들이 아래로 내려간다).

끓는 물에서도 녹지 않는 얼음

시험관을 준비해서 물을 가득 채운 다음 물 속에 얼음 조각 하나를 넣어 보자. 그리고 얼음 조각이 위로 떠오르지 않도록(얼음이 물보다 가볍다) 납으로 만든 총알이나 구리추 등으로 눌러 보자. 그런 다음에는 이 시험관을 알코올램프 쪽으로 가져가는데, 알코올램프의 불길이 시험관 위쪽에서만 너울거리도록 해야 한다(그림 13). 물이 끓기 시작하면 김이 모락모락 피어날 것이다. 그런데 이상한 일이 일어난다. 시험관 바닥에 있는 얼음이 녹지 않는다! 작은 기적이 일어나듯, 끓는 물 속의 얼음이 녹지 않는다. 왜 그럴까?

이런 수수께끼 같은 현상이 일어나는 원인은, 시험관 바닥의 물이 끓지 않고 계속 차가운 상태를 유지한다는 데서 찾을 수 있다(물은 시험관 위쪽에서만 끓는다). 즉 우리가 보는 것은 '끓는 물 속의 얼음'이 아니라 '끓는 물 아래의 얼음'이다. 열팽창에 의해 가벼워진 물이 바닥으로 내려가지 않고 시험관 위쪽에 그대로 남아 있는 것이다. 따라서 따뜻한 물의 흐름이 형성되어 차가운 물의 흐름과 뒤섞이는 현상은 시험관 위쪽에서만 일어날 뿐 아래쪽의 밀도가 높은 층들에는 아무 영

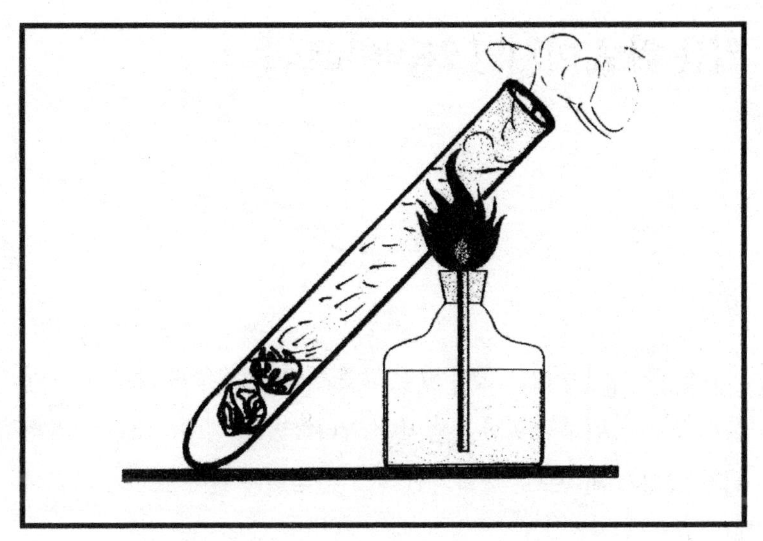

그림 13. 시험관 위쪽의 물이 끓고 있지만 아래쪽의 얼음은 녹지 않는다

향도 주지 못한다. 가열 현상이 전이될 수 있는 방법은 열전도뿐인데 그나마 물의 열전도율도 지극히 낮은 편에 속한다.

얼음 위로, 아니면 얼음 아래로?

물을 데울 때 우리는 물이 담긴 그릇을 불 옆에 놓지 않고 불 위에 올려 놓는다. 아주 정확한 방법이다. 왜냐하면 불 위에서 데워져 가벼워진 공기가 위쪽으로 올라가면서 그릇 주위를 감아 흐르기 때문이다.

따라서 불 위에 물체를 올려 놓는 것이 열을 가장 효과적으로 이용하는 방법이다.

그런데 이와 반대로, 얼음으로 어떤 물체를 차갑게 만들려고 할 때에는 어떻게 해야 할까? 많은 사람들이 그냥 얼음 위에 물체를 올려 놓으면 될 것이라고 생각한다(가령 우유병을 얼음 위에 올려놓는다). 하지만 그런 방법은 적절하지 못한 방법이다. 얼음 위의 공기는 차가워짐과 동시에 아래로 내려오고 그 자리는 주위의 따뜻한 공기가 채운다. 따라서 음료수나 음식을 차갑게 만들려면 얼음 위가 아니라 얼음 아래에 놓아야 한다.

좀 더 자세히 설명하면 이렇다. 물그릇을 얼음 위에 올려놓으면 액체의 가장 아래쪽만 차가워지고 나머지 부분은 차갑지 않은 공기로

그림 14. 물체를 차갑게 만들려면 얼음 아래에 놓아야 한다

둘러싸인다. 반대로, 물그릇 뚜껑 위에 얼음조각을 올려놓으면 그릇 속의 내용물이 더 빨리 차가워진다. 차갑게 식은, 액체의 위쪽이 아래로 내려감과 동시에 아래로부터 상승하는 따뜻한 액체가 그 자리를 메우기 때문이다(그릇 속의 액체 전체가 차가워질 때까지 이런 과정이 반복된다).* 그리고 얼음 주위의 냉각된 공기 역시 아래로 내려가서 그릇 주위를 감싸게 된다.

* 이때 순수한 물은 0°까지 냉각되는 것이 아니라 4°C까지만 냉각된다(4°C에서 순수한 물은 가장 큰 밀도를 갖는다). 실제로 음료수를 0°까지 냉각시키는 경우는 없다.

닫힌 창문에서 외풍이 부는 이유는 무엇일까?

틈 하나 없이 꽉 닫혀 있는 창문에서 외풍이 부는 경우가 종종 있다. 정말 신기한 일처럼 생각되지만 알고 보면 놀라울 것도 없다.

방 안의 공기가 가만히 머물러 있는 일은 거의 없다. 방 안의 공기 속에는 공기의 가열과 냉각에 의해 발생하는, 눈에 보이지 않는 흐름들이 있다. 따뜻하게 데워진 공기는 밀도가 낮고 따라서 더 가볍다. 반대로 차가워진 공기는 밀도가 높고 더 무겁다. 그래서 난로 주위에서 뜨겁게 데워진 공기는 차가운 공기에 의해 위쪽으로 밀려 올라가고, 창가나 벽 주위의 차가운 공기는 바닥으로 흘러내린다.

아이들이 가지고 노는 풍선에 작은 추를 매달아 풍선이 천장에 부딪치지 않고 자유롭게 공중을 떠다니도록 하면, 방 안에서 형성되는 공기의 흐름을 쉽게 발견할 수 있다. 뜨겁게 가열된 난로 옆에서 풍선 줄을 놓으면 풍선은 눈에 보이지 않는 기류에 이끌려 방 안 여기저기를 날아다닌다. 천장으로 떠올랐다가 창문 쪽으로 옮겨가고 그런 다음 바닥으로 내려와 다시 난로 쪽으로 되돌아가는 것이다.

겨울이 되면 창문이 꽉 닫혀 있어 바깥 공기가 뚫고 들어올 틈이 없

그림 15. 아무리 창문을 꼭 닫아도 외풍이 있다. 왜 그럴까?

지만 그럼에도 불구하고 창문에서(특히 발이 있는 쪽에서) 바람이 불어 들어오는 듯한 느낌을 받는 것은 바로 이 때문, 즉 창문 쪽의 공기가 쉽게 차가와지기 때문이다.

신기한 바람개비

아주 얇은 종이, 예를 들어 사전에 쓰이는 종이나, 담배를 말고 있는 종이를 오려 직사각형 모양의 종이를 만들어 보자. 그리고 이 종이를 가로 세로 방향의 중앙선을 따라 접었다가 다시 펴보자. 여러분은 이 도형의 무게 중심이 어디에 있는지 알게 될 것이다. 그런 다음 뾰족한 바늘 끝에 직사각형의 종이를 얹어놓는데, 이때 바늘 끝이 정확하게 직사각형 종이의 무게중심을 떠받칠 수 있도록 하자.

종이는 어느 쪽으로도 기울지 않고 수평을 이룰 것이다. 무게 중심이 떠받쳐져 있기 때문이다. 하지만 바람이 불면 종이는 바늘 끝에서 빙글빙글 돌기 시작할 것이다.

물론 바람이 불지 않는 방 안이라면 종이는 움직이지 않고 가만히 있을 것이다. 하지만 그림 16에서처럼 기구 쪽으로 손을 가까이 가져가 보면(단 종이가 날아가지 않도록 조심해야 한다) 여러분은 정말 이상한 광경을 목격하게 될 것이다. 종이가 천천히 회전하기 시작할 것이고 그 속도가 점점 빨라질 것이다. 그리고 손을 치우면 회전이 멈추고 손을 가까이 가져가면 다시 회전이 시작될 것이다.

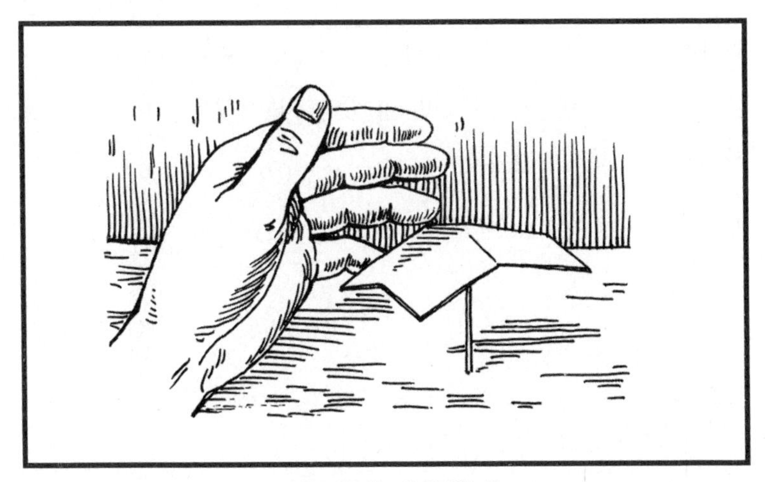

그림 16. 종이는 왜 회전할까?

이런 수수께끼 같은 현상 때문에 한때 —1870년대에 — 많은 사람들은, 우리의 몸이 어떤 초자연적인 특성을 지니고 있는 것은 아닐까라고 생각하기에 이르렀다. 신비한 것을 좇는 사람들은 이 실험이 '사람 몸에서 나오는 신비한 힘'에 관한 자신의 분명하지 않은 학설을 입증하는 것이라고 생각했다. 하지만 그 원인은 너무나도 당연하고 또 단순한 것이었다. 손 아래쪽에서 뜨겁게 데워진 공기가 상승하여 종이에 압력을 가하면 종이는 회전을 한다. 왜냐하면 종이를 접을 때, 종이의 몇 군데가 비스듬하게 기울었기 때문이다.

주의 깊은 관찰자라면 알아차렸겠지만 앞에서 기술한 회전기구는 일정한 방향, 즉 손목으로부터 시작해서 손바닥을 따라 손가락 쪽으로 돌아간다. 왜냐하면 손의 세 부분의 온도가 각각 다르기 때문이다.

손가락 끝은 항상 손바닥보다 차갑다. 그래서 손바닥 주위에 더욱 강한 상승기류가 형성되어 손가락 열에 의해 발생하는 기류보다 더 강하게 종이를 때리는 것이다.*

* 신열 등으로 체온이 높을 때 회전기구가 훨씬 더 빨리 움직인다는 것도 알 수 있다. 많은 사람들을 당혹스럽게 만들었던 이 유익한 장치는 한때 작은 물리-생리학 연구논문의 주제가 되기도 했다(이 연구논문은 1876년 모스크바 의학협회에서 발표되었다 - Н. П. 네차예프, 《손에서 나는 열의 작용으로 가벼운 물체가 회전하다》).

모피코트가 몸을 따뜻하게 한다?

만약 누군가가 모피코트는 몸을 따뜻하게 하지 못한다고 주장하면 여러분은 어떤 반응을 보일까?

물론 여러분은 농담으로 여길 것이다. 하지만 여러 가지 실험을 통해 이러한 주장을 증명하기 시작한다면?

가령 이런 실험을 해보자. 먼저 온도계가 몇 도를 가리키는지 잘 봐둔 다음 모피코트로 온도계를 싼다. 그리고 몇 시간이 지난 후에 온도계를 꺼내보자. 그러면 온도계의 눈금이 0.2°도 올라가지 않았다는 것을 알게 될 것이다. 즉 지금의 온도와 방금 전의 온도에 별 차이가 없는 것이다. 바로 이것이 외투가 우리의 몸을 따뜻하게 해주지 못한다는 증거다.

게다가 외투가 우리의 몸을 식히기까지 한다고 주장하면 여러분은 도저히 믿을 수 없을 것이다. 먼저 두 개의 병에 얼음을 넣고 그 중 하나는 외투로 싸고 다른 하나는 그대로 방에 놓아둔다. 외투로 싸지 않은 병의 얼음이 녹기 시작하면, 외투로 싼 병을 꺼내보자. 외투로 싸둔 병 속의 얼음이 녹지 않았다는 것을 알 수 있다. 외투가 얼음을 따뜻하

그림 17. 외투가 당신의 몸을 따뜻하게 데워주는 것은 아니다

게 하지 못할 뿐만 아니라 심지어 얼음을 차갑게 식히기까지 하는 것이다.

이유가 뭘까? 외투를 입으면 몸이 따뜻해지는 것 같은데 그게 아니라니, 이걸 어떻게 설명할 수 있을까?

'데운다'는 말을 열의 전달로 이해한다면 엄밀히 말해서 외투가 물체를 데우는 것은 아니다. 가령, 램프와 난로는 물체를 데운다. 그리고 사람의 몸도 데운다. 왜냐하면 이것들 모두가 열을 발생시키기 때문이다. 그러나 외투는 열을 발생시키지 못한다. 다만 외투는 열이 몸 밖으로 빠져나가지 못하게 할 뿐이다.

외투로 싸놓은 병 속의 얼음은 낮은 온도를 오래 유지한다. 열을 잘 전달하지 않는 외투가 외부로부터의 열이 얼음으로 전달되는 것을 지연시키기 때문이다.

이런 점에서 본다면 눈 또한 지면의 온도를 일정하게 유지하는 역할을 한다. 분말 상태의 모든 물질이 그렇듯, 열을 잘 전달하지 못하는 눈이 흙으로부터 열이 방사되는 것을 막아주는 것이다. 그래서 눈에 덮인 흙의 온도가 눈에 덮이지 않은 흙의 온도보다 약 10°C 높은 것이다.

따라서 '외투가 우리의 몸을 따뜻하게 데워주는가'라는 질문에 대한 정답은 '외투는 우리의 체온을 유지해줄 뿐이다'가 되겠다. 더 정확히 말하면, 외투가 우리의 몸을 데워주는 것이 아니라 우리 몸이 외투를 데워주는 것이다.

땅 위의 계절과 땅 속의 계절

땅 위의 계절이 여름일 때 3미터 깊이의 땅속은 어떤 계절일까? 혹시 여러분은 그곳도 여름이라고 생각하는 것 아닐까? 그렇지 않다! 땅 위의 계절과 땅 속의 계절은 결코 같지 않다. 왜냐하면 지반이 열을

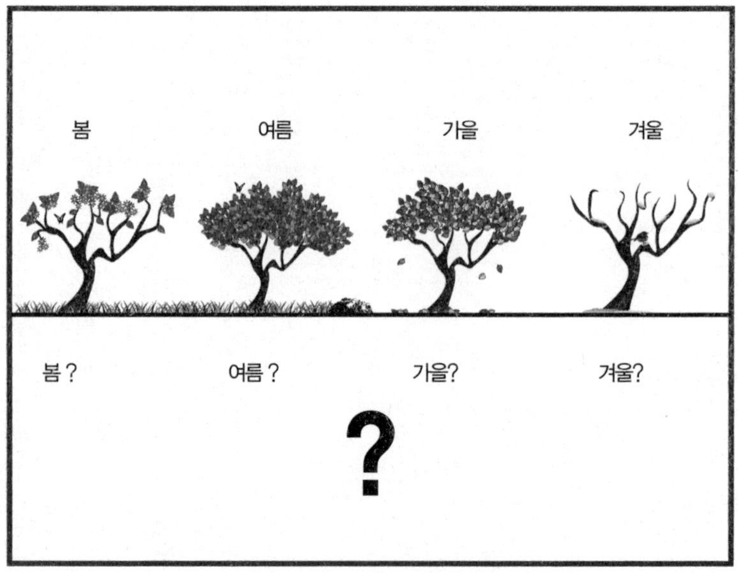

그림 18. 지상의 사계절과 지하의 사계절은 동시에 진행될까?

전도하는 정도가 아주 형편없기 때문이다. 가령 상트페테르부르크의 수도관, 그것도 2미터 깊이의 땅 속에 있는 수도관은 아주 혹독한 추위에도 어는 일이 없다. 지표면에서 일어나는 온도 변화가 지반 깊은 곳으로 아주 천천히 확산되기 때문이다. 예를 들어 레닌그라드 주 슬루츠크에서 온도변화를 측정한 결과, 3미터 깊이의 땅 속에서 1년 중 가장 따뜻한 때는 땅 위에서보다 76일 더 늦게 찾아오고 또 가장 차가운 때는 108일 더 늦게 찾아온다. 다시 말해서 땅 위에서 가장 더운 날이 7월 25일이라면 3미터 깊이의 땅 속에서 가장 더운 날은 10월 9일에야 찾아오고, 땅 위에서 가장 추운 날이 1월 15일이라면 3미터 깊이의 땅 속에서 가장 추운 날은 5월에야 찾아온다. 땅 속으로 깊이 들어갈수록 지체현상이 점점 심해지는 것이다.

땅 속 깊이 들어가면 온도 변화가 지체되는 것은 물론 온도 변화가 약해지기까지 하고 또 어느 정도의 깊이가 되면 온도 변화가 아예 멈춰버린다. 1년 내내, 아니 1세기 내내 일정한 온도, 즉 해당 지역의 연평균 기온이 유지되는 것이다.

파리 기상대의 지하창고, 즉 28미터 깊이의 땅속에 무려 150년 동안이나 온도계가 보관되어 있었는데 놀라운 것은 그 기간 동안 항상 같은 온도(섭씨 11.7도)를 가리키고 있었다는 것이다.

우리가 발을 디디고 있는 땅 속에는 지표면과 같은 계절이 있을 수 없다. 지표면에 겨울이 찾아와도 3미터 아래의 땅속은 아직 가을이고 또 가을이라 해도 지표면에 찾아오는 그런 가을도 아니다.

특히 지하에서 생활하는 동물(풍뎅이 유충 같은 것들)이나 식물의 삶에 대해 이야기할 때에는 이런 점을 염두에 둬야 한다. 알고 보면 나무 뿌리의 세포 증식이 반 년에 달하는 추운 기간에 일어나는 것과 이른바 형성층 조직의 활동이 따뜻한 계절 동안 거의 정지되는 것도 전혀 놀라운 일이 아니다.

종이 냄비

아래 그림을 보자.

원추형 종이 안에 물이 채워져 있고, 그 안에 달걀이 있다. 달걀을 삶고 있는 것이다! 여러분은 "종이가 타고 물이 램프 위로 쏟아질 것이다"라고 말할 것이다. 하지만 튼튼한 기름종이를 사용하면 절대 불에 타지 않는다. 개방된 용기 안에 있는 물은 끓는 점까지, 즉 100도까지만 가열되기 때문이다. 다시 말해서 가열되는 물, 그것도 열용량이 큰 물은 종이에 축적되는 여분의 열을 흡수하여 종이가 100도(불에 탈 정도의 온도) 이상으로 가열되지 못하게 한다(그림 20에 나타낸 것과 같은 모양의 작은 종이 상자

그림 19. 달걀이 종이 냄비 속에서 삶아지고 있다

를 이용하는 것이 더 실제적일 것이다).

용기 안에 물이 있으면 용기는 일정한 온도 이상으로 가열되지 않는다. 예를 들어 물이 가득 담긴 냄비를 불 위에 올려놓으면 처음엔 괜찮겠지만 물이 다 쫄고 나면 냄비가 타버린다. 위에서 설명한 것과 똑같은 원리가 작동하는 것이다. 같은 온도의 불이지만 그릇에 물이 있느냐 없느냐에 따라 그릇의 온도가 상승하기도 하고 일정하게 유지되기도 한다.

이제 종이 상자를 이용해서 납을 녹여보자. 이때 납과 종이가 맞닿는 부분에 불길이 갈 수 있도록 해야 한다. 납은 열전도율이 비교적 높은 물질로서 종이의 열을 빨리 빼앗고 납이 녹는 온도, 즉 335도 이상 가열되지 못하게 함으로써 종이의 발화를 막는다.

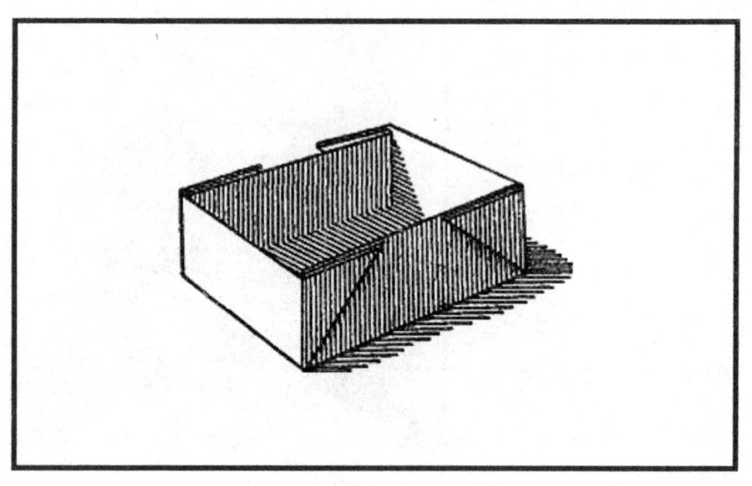

그림 20. 물을 끓이기 위한 종이 상자

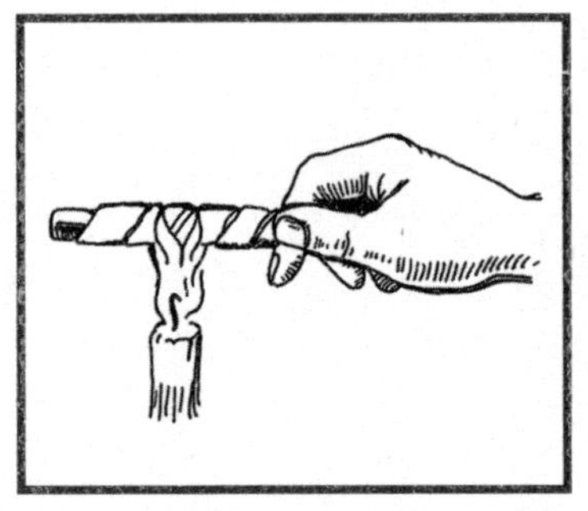

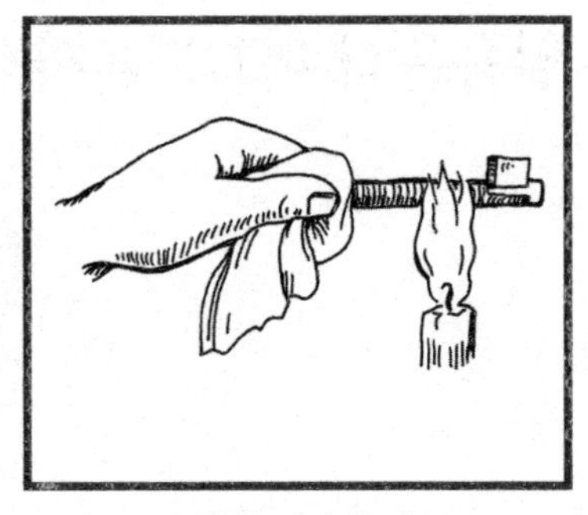

그림 21. 타지 않는 종이

그림 22. 타지 않는 실

그리고 다음과 같은 실험도 해볼 수 있다(그림 21). 먼저 두꺼운 못이나 쇠막대(구리막대면 더 좋다)에 가느다란 종이 테이프를 나선 모양으로 단단하게 감는다. 그런 다음 종이 테이프가 감긴 쇠막대를 불 위에 갖다댄다. 종이 테이프가 검게 그을리겠지만 쇠막대가 벌겋게 달구어지기 전까지는 타지 않는다. 금속의 열전도성이 좋기 때문이다. 하지만 유리막대를 이용하면 이런 결과를 얻지 못할 것이다. 그림 22는 열쇠에 단단히 감긴 실이 불에 타지 않는다는 것을 보여주는 실험이다.

얼음은 왜 미끄러울까?

매끈하게 닦은 바닥은 보통 바닥보다 더 미끄럽다. 그래서 얼음 위도 바닥과 마찬가지일 것이라는 생각, 즉 표면이 매끄러운 얼음이 울퉁불퉁한 얼음보다 더 미끄러울 것이라는 생각이 들지도 모른다.

하지만 울퉁불퉁한 얼음 표면 위에서 짐을 가득 실은 썰매를 끌어 본 경험이 있다면 그 썰매가 매끄러운 표면보다는 울퉁불퉁한 표면

그림 23. 스케이트 날이 누르는 지점의 압력이 매우 높아 얼음이 녹는다

위를 더 잘 미끄러져 달린다는 것을 알 수 있을 것이다. 거울처럼 반들반들한 얼음이 울퉁불퉁한 얼음보다 덜 미끄럽다니!

얼음이 미끄러운 것은 표면이 매끄럽기 때문이 아니라 압력의 증가와 함께 얼음의 녹는점이 낮아지기 때문이다.

썰매나 스케이트를 탈 때 어떤 일이 일어나는지 알아보자. 스케이트를 신고 서 있을 때 우리는 아주 좁은 면적(기껏해야 몇 제곱미터밖에 되지 않을 것이다) 위에 버티고 서서 온몸의 무게로 그곳을 누르게 되고 큰 압력을 받은 얼음은 낮은 온도에서도 녹아버린다.

가령 얼음의 온도가 영하 5도인데 스케이트의 압력이 얼음의 녹는점을 5도 떨어뜨리면 스케이트에 눌린 부분의 얼음이 녹을 것이다.* 그리고 그 다음엔 스케이트 날과 얼음 사이에 얇은 물의 층이 생기고 곧이어 스케이트를 타는 사람이 미끄러질 것이다. 이런 현상은 발을 옮길 때마다 일어나는데 이는 발이 닿는 어디든 얼음이 얇은 물의 층으로 바뀌기 때문이다.

모든 물체 중에서 이런 특성을 갖는 것은 얼음뿐이다. 옛 소련의 한 물리학자는 얼음을 '자연에서 유일하게 미끄러운 물체'라고 불렀다. 다른 물체들은 매끄럽긴 하지만 미끄럽지는 않기 때문이다.

이제 '매끄러운 얼음과 울퉁불퉁한 얼음 중 어느 것이 더 미끄러운

* 이론적으로는 얼음의 녹는점을 1도 낮추는 데 제곱미터당 130킬로그램이라는 큰 압력이 필요하다. 스케이트 타는 사람이나 썰매가 과연 그만큼의 압력을 얼음에 가할 수 있을까? 게다가 만일 썰매(또는 스케이트 타는 사람)의 무게를 썰매 미끄럼대(또는 스케이트 날)의 표면에 골고루 분배한다면 이 압력은 훨씬 더 작아지게 된다. 하지만 썰매의 미끄럼대의 표면 전체가 얼음에 딱 달라붙는 것이 아니라 그 얼마 안되는 일부만이 얼음과 접촉하게 된다는 것을 의미한다.

가'라는 문제로 돌아가자.

우리가 아는 한, 하중이 동일한 압력을 받는 면적이 좁으면 좁을수록 압력은 강해진다. 그렇다면 사람이 지지점에 더 큰 압력을 가하게 되는 것은 언제일까? 거울처럼 매끄러운 얼음 위에서일까, 아니면 울퉁불퉁한 얼음 위에서일까? 당연히 울퉁불퉁한 얼음 위에서이다. 그리고 얼음에 가해지는 압력이 크면 클수록 더 많은 얼음이 녹기 때문에 울퉁불퉁한 얼음이 더 미끄러운 것이다.

얼음의 녹는점이 내려가는 것으로 일상생활의 또 다른 현상들도 설명할 수 있다. 예를 들어 얼음 조각을 세게 눌러 붙이면 서로 얼어붙는다. 아이들이 눈싸움을 할 때 눈덩어리를 만들 수 있는 것도 결국 이러한 특성을 이용하기 때문에 가능한 것이다. 그리고 눈사람을 만들 때 눈덩어리를 굴리는 것도 이러한 특성을 이용하는 것이다(눈이 서로 맞닿는 아랫부분이 눈 무게에 눌리면서 얼어붙는다). 이제 여러분은 아주 추운 날씨에 왜 눈이 사방으로 흩어지는지, 그리고 왜 눈사람이 잘 안 만들어지는지 알 수 있을 것이다. 지나다니는 사람들의 발이 가하는 압력 때문에 인도 위의 눈이 딱딱하게 굳어 얼음이 되는 것도 눈이 얼어붙어 단단한 층을 이루기 때문이다.

고드름은 어떻게 생길까?

처마 밑에 고드름이 매달리는 이유는 무엇일까?

고드름은 언제 생길까?

눈 녹는 날 생길까 아니면 아주 추운 날 생길까?

눈 녹는 날에 생긴다면 어떻게 영상의 온도에서 물이 얼 수 있을까?

반대로 영하의 추운 날씨에 생긴다면 지붕 위의 물은 어디서 생기는 것일까?

'고드름이 왜 생길까'하는 질문을 단순하게만 생각했는데 이렇게 연역적으로 생각하니 처음에 생각했던 것만큼 그리 간단하지 않다는 것을 알 수 있을 것이다.

고드름이 생기려면 영상의 온도와 영하의 온도가 동시에 필요하다. 물이 녹기 위해서는 영상의 온도가 필요하고 물이 얼기 위해서는 영하의 온도가 필요한 것이다. 그런데 실제로 두 가지 온도가 동시에 존재할 수 있다. 지붕 경사면의 눈은 햇빛을 받아 영상의 온도까지 올라가고 지붕 가장자리에서 흘러내리는 물방울은 영하의 온도로 내려가는 것이다.

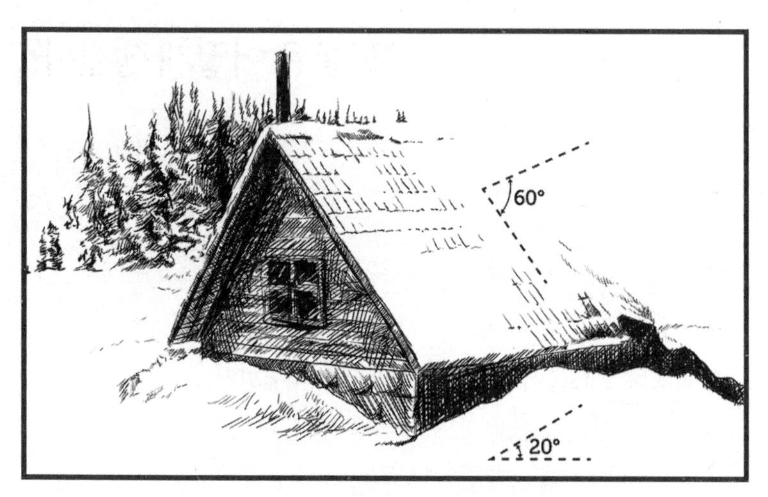

그림 24. 햇빛은 수평을 이룬 지표면보다 경사진 지붕을 더 많이 가열한다
(숫자는 각의 크기를 나타낸다)

다음과 같은 장면을 상상해보자. 맑은 날씨에 기온은 영상 1~2도 정도이고 햇빛이 내리쬐고 있다. 하지만 이 햇빛이 지표면 위에는 완만한 경사로 내리쬐지만 지붕 경사면에는 거의 직각에 가까울 정도로 급한 경사로 내리쬐고 있다. 알다시피, 수평면에 떨어지는 빛의 각도가 크면 클수록 빛에 의한 가열의 정도는 더욱 커진다(빛의 작용은 이 각도의 사인에 비례한다. 그림 87의 경우 사인 60°는 사인 20°보다 2.5배 크기 때문에 지붕 위의 눈은 수평면 위의 눈보다 2.5배 더 많은 열을 얻는다). 이 때문에 지붕의 경사면이 더 많이 가열되고 지붕 위의 눈이 녹을 수 있는 것이다. 녹은 눈이 흘러 떨어져 처마 끝에 방울져 매달리면 처마 밑 영하의 온도가 물방울을 얼려버린다. 그리고 얼어붙은 물방울 위

로 다음 물방울이 흘러내리면 이 물방울 역시 얼어붙는다. 이런 식으로 작은 '얼음 혹'이 만들어지는데 다음번에도 똑같은 날씨가 되어 이 얼음 혹이 더 길어지면 결국 고드름이 생긴다.

이와 마찬가지의 원인으로 우리 눈 앞에는 더욱 웅장한 현상이 펼쳐질 수도 있다. 기후대와 계절의 차이가 태양광선 조사각의 변동에 의해 크게 좌우되기 때문이다.*

겨울이든 여름이든 태양은 거의 같은 거리만큼 우리로부터 떨어져 있고 극지방과 적도로부터 동일한 거리만큼 떨어져 있다(이 거리의 차이는 무의미할 정도로 미미하다). 하지만 적도 부근 지표면에 대한 태양광선의 경사도는 극지방 지표면에 대한 태양광선의 경사도보다 크고 겨울보다는 여름에 태양광선의 경사도가 크다. 바로 이것이 지역간의 현저한 온도 차이를 불러일으키고 자연의 삶에 있어서의 모든 차이를 불러일으키는 것이다.

* 전적으로 태양광선의 조사각 변동에 의한 것만은 아니다. 또 하나의 중요한 원인은 태양이 지구를 데우는 시간, 즉 낮의 길이가 서로 다르다는 데 있다. 그러나 이 두 가지 원인은 하나의 천문학적 사실에 의해 결정되는데, 이 모든 현상은 지구가 태양 주위를 도는 면에 대해 지축이 기울어져 있기 때문에 일어나는 것이다.

CHAPTER 4

거울에 비친 나는 정말 나일까?
빛의 반사와 굴절

그림자를 잡아라

그림자야, 검은 그림자야,

감히 따라잡을 수 없고,

감히 앞지를 수 없는 건

오직 너, 검은 그림자뿐이다.

붙잡을 수 없으니 안을 수도 없구나!

\- 네크라소프-

우리의 증조할아버지들은 자신의 그림자를 잡을 줄 몰랐지만 그림자를 유용하게 써먹을 줄은 알았다. 사람 모습을 검게 그리기, 즉 '실루엣'을 그릴 줄 알았던 것이다.

오늘날 사람들은 사진을 찍어 자신의 모습과 소중한 사람들의 모습을 담아낸다. 하지만 18세기에는 사정이 달랐다. 화가들이 그린 초상화는 극소수의 부유한 사람들에게만 허락된 아주 값비싼 사치였다. 그래서 18세기에는 '실루엣'(빛을 등진 물체를 빛을 안고 바라보았을 때,

그림자처럼 윤곽 안이 검게 보이는 물체의 형상. 특히, 그런 형상을 나타낸 그림이나 사진--옮긴이)이 널리 보급되었는데, 움직이지 않는 그림자를 이용했다는 점에서 사진촬영술과 대비된다. 우리는 빛을 이용해 이미지를 묘사하고 우리의 조상은 같은 목적을 위해 그림자를 이용했다.

그림 1을 통해 당시의 실루엣 묘사법이 어떠했는지 알 수 있다.

먼저 그림자만으로도 옆모습의 특징이 잘 나타날 수 있도록 고개를 돌리게 한 다음 연필로 윤곽을 그린다. 그리고 윤곽선 안을 먹물로 칠

그림 1. 과거에 실루엣 초상화를 그리던 모습

한 다음 검게 칠해진 부분을 가위로 오려내어 흰 종이에 붙이면 실루엣이 완성된다. 필요할 경우 축도기(원형보다 작게 줄여 그리는 데 쓰는 기구--옮긴이)로 크기를 줄일 수도 있었다(그림 2).

혹시라도 '검게 칠한 윤곽만으로는 실물의 특징을 잘 표현할 수 없다'고 생각한다면 그건 잘못된 생각이다. 실력만 뛰어나다면 실물을 쏙 빼닮은 실루엣을 얼마든지 그릴 수 있기 때문이다.

당시에 몇몇 화가들은 윤곽만으로도 실물에 가까운 묘사를 할 수 있다는 점에 깊은 관심을 보였는데 이 화가들이 풍경화 전체를 실루엣으로 묘사하기 시작하면서부터 '실루엣묘사'를 표방하는 하나의 화파(畵派)가 형성되었다.

그런데 실루엣이라는 말에는 재미있는 어원이 있다. 이 말은 18세

그림 2. 실루엣 초상화의 크기 줄이기

그림 3. 쉴러의 실루엣(1790년)

기 중엽 프랑스 재무장관을 지낸 에티엔 드 실루엣이라는 사람의 성에서 차용한 것인데, 당시에 그는 사치에 물든 사람들에게 합리적이고 검소한 생활을 할 것을 호소했고, 그림과 초상화에 지나치게 많은 돈을 쓰는 프랑스 귀족들을 비난했다고 한다.

실루엣 재무장관이 호소한 덕분에 '그림자 초상화'는 싼값에 그려질 수 있었다. 그리고 당시의 익살꾼들은 싼값에그릴 수 있는 자신들의 그림자 초상화를 '실루엣식' 초상화라고 부르기 시작했다.

달걀 속의 병아리

그림자의 특성을 이용해 친구들에게 재미있는 장난을 쳐보자. 먼저 기름 먹인 종이로 스크린을 만들고 마분지 가운데를 정사각형으로 오려낸 다음 그 자리에 기름먹인 종이를 끼워 붙인다. 그리고 스크린 뒤에 두 개의 램프를 세우고 친구들을 스크린 앞쪽에 앉힌 다음 왼쪽에 놓인 램프를 켜보자.

그림 4. 그럴듯한 가짜 엑스레이 사진

램프를 켰으면 이번에는 타원형 마분지를 그림과 같이 철사에 꽂은 다음 왼쪽 램프와 스크린 사이에 세운다. 스크린 위로 달걀 실루엣이 나타나면(오른쪽 램프는 아직 켜지 않은 상태다) 친구들을 향해 "엑스레이기를 작동시켜서 달걀 속의 병아리를 보여줄게"라고 말한다! 잠시 후 친구들은 달걀 실루엣의 가장자리가 환하게 밝아오고 그 한가운데에서 병아리 실루엣이 뚜렷하게 드러나는 장면을 목격하게 된다(그림 4).

어떻게 이런 요술이 가능할까? 비밀을 밝혀보자. 우선 오른쪽 램프에 스위치를 넣으면 불빛이 뻗어나가는 길목에 놓인 병아리 모양의 마분지가 스크린 위로 그림자를 던진다. 그리고 달걀 그림자는 오른쪽 램프의 불빛을 받아 가장자리 쪽이 안쪽보다 더 밝아진다. 그러니 영문도 모른 채 스크린 반대편에 앉아 있는 친구들은(만약 이 친구들이 물리학과 해부학을 잘 모른다면) '정말 엑스선이 달걀을 통과했구나'라고 생각할 수밖에 없다.

캐리커처 사진

확대경(대물렌즈) 없이 작고 동그란 구멍만으로 카메라를 만들 수 있다는 사실을 아는 사람은 그리 많지 않다(단 사진기만큼 선명한 상이 맺히지는 않는다). '슬릿 카메라'로 불리는 이 장치는 렌즈 없는 카메라를 독특하게 변형시킨 것인데 카메라 내부에 작은 구멍 대신 두 개의 교차하는 홈이 있다는 것이 특징이다. 이 카메라 내부의 앞쪽에 두 개의 판이 있는데 그 중 하나에는 수직 홈이 있고 다른 하나에는 수평 홈이 있다. 만약 두 개의 판이 바짝 붙어 있다면 구멍 있는 카메라처럼 일그러지지 않은 상(像)이 맺히고 두 개의 판이 일정한 거리를 두고 떨어져 있

그림 5. 슬릿 카메라로 찍은 캐리커처 사진. 상이 수평으로 길게 늘어져 있다

그림 6. 수직으로 길게 늘어진 캐리커처 사진 (역시 슬릿 카메라로 찍었다)

으면 전혀 다른 상, 즉 묘하게 일그러진 상이 맺힌다(두 개의 판은 이동이 가능하다, 그림 5, 그림 6). 쉽게 말해서, 사진이라기보다는 일종의 캐리커처 같은 상이 맺힌다.

그렇다면 상이 일그러지는 이유는 무엇일까? 먼저 수평 홈이 수직 홈 앞에 놓이는 경우를 살펴보자(그림 7). 도형 D(십자형 홈이 있다)의 수직 홈에서 나오는 광선이 보통의 구멍을 통과할 때와 마찬가지로 첫 번째 홈 C를 통과한다. 그리고 그 다음의 홈 B는 광선의 진로에 아무 영향도 주지 못한다. 따라서 수직선 상(像)은 판 C에서 유리 A까지의 거리에 상응하는 크기로 유리 A에 맺힌다.

두 개의 홈이 동일한 방식으로 배치될 경우 수평선의 상은 그와는 다른 모습으로 맺힌다. 먼저 수평선에서 나온 광선은 수직 홈 B에 닿을 때까지 아무 방해도 받지 않고 또 십자형으로 교차되지 않고 첫 번째 홈(수평 홈)을 통과한다. 그리고 보통의 구멍을 통과할 때와 마찬가지로 홈 B를 통과한 광선은 두 번째 격판 B에서 유리 A까지의 거리에 상응하는 크기로 유리 A에 상을 맺는다.

두 개의 홈이 이런 식으로 배치되면 수직선에 대해서는 앞쪽의 홈 하나만 존재하고 수평선에 대해서는 뒤쪽의 홈 하나만 존재하는 것처

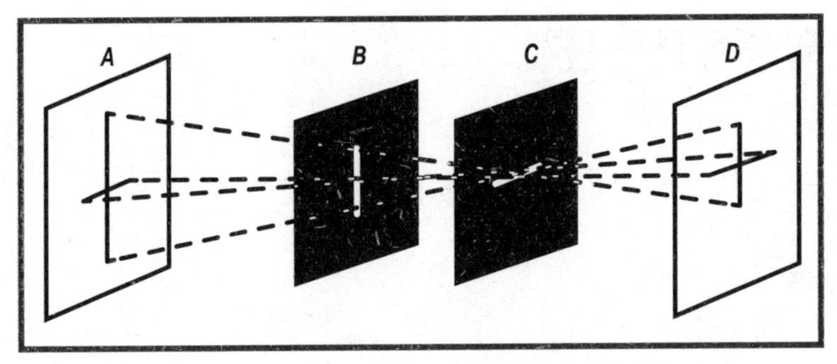

그림 7. 어째서 슬릿 카메라는 일그러진 상을 만들어낼까?

럼 된다. 그리고 앞쪽 홈이 뒤쪽 홈보다 유리 A로부터 더 멀리 떨어져 있기 때문에 유리 A에 상이 맺힐 때는 수직의 길이가 수평의 길이보다 더 길어진다. 즉 수직 방향으로 길게 늘어진 상이 맺히는 것이다.

반대로 두 홈의 위치가 바뀌면 이번에는 수평으로 길게 늘어진 상이 맺히고(그림 5와 6을 비교해 보라) 두 개의 홈을 비스듬하게 기울이면 또 다른 종류의 일그러짐이 생긴다.

슬릿 카메라의 사용 목적이 단지 캐리커처 사진을 찍기 위한 것만은 아니다. 보다 중요하고 실용적인 목적을 위해서, 가령 건축 장식, 카펫 무늬, 벽지 무늬 등의 다양한 변형을 만들어내는 데에도 유용하게 쓰일 수 있다. 한마디로 말해, 다양한 장식과 무늬를 일정한 방향으로 원하는 길이만큼 늘이거나 줄이는 데 사용할 수 있다.

일출에 관한 문제

예를 들어 오전 5시 정각에 일출을 봤다고 하자. 그런데 광원을 출발한 빛이 관찰자의 눈에 도달하기까지는 어느 정도의 시간이 걸린다. 따라서 이런 문제를 낼 수 있겠다. 빛이 순간적으로 이동한다면 일출은 몇 시에 보게 될까?

태양을 출발한 빛이 지구까지 도달하는 데 걸리는 시간은 8분이다. 따라서 여러분은 '햇빛이 순간적으로 이동한다고 가정하면 8분 더 빨리 일출을 보게 된다'라고 답할 것이다.

하지만 그것은 틀린 답이다. 잘 생각해 보면, 일출은 지구 표면의 어떤 지점들이 이미 밝게 비추어진 공간으로 돌아서기 때문에 일어나는 현상이다. 따라서 빛이 연속적으로 이동할 때와 마찬가지로 순간적으로 이동할 때도 우리가 일출을 보게 되는 시각은 변함없이 오전 5시 정각이다.

하지만 태양 가장자리의 홍염을 관찰할 때는 사정이 달라진다. 가령 천체망원경으로 홍염을 관찰할 때 빛이 순간적으로 이동하면 우리는 8분 더 빨리 홍염을 발견할 수 있다.

'대기굴절'이라는 것을 고려하면, 또 다른 결과가 나온다. 기하학적으로 태양이 수평선 위로 떠오르지 않았는데도 일출을 볼 수 있는 건 대기굴절에 의해 광선의 진로가 휘어지기 때문이다. 그러나 빛이 순간적으로 이동할 때는 대기굴절이 일어나지 않는다. 굴절이란 여러 매질을 통과하는 빛이 다양한 속도를 얻을 때 일어나는 현상이기 때문이다. 따라서 빛이 순간적으로 이동해 대기굴절이 일어나지 않을 경우 관찰자는 빛이 연속적으로 이동할 때보다 더 늦게 일출을 보게 된다. 그리고 이러한 차이는 관찰하는 곳의 위도, 기온 그리고 그 밖의 여러 조건들에 따라 적게는 2분에서 많게는 며칠까지 될 수도 있는데 특히 극지방에서의 차이가 매우 심하다. 여기서 우리는 매우 흥미로운 패러독스에 직면한다. 빛이 순간적으로 이동할 때, 즉 무한히 빠른 속도로 이동할 때 우리는 그렇지 않을 때보다 더 늦게 일출을 관찰하게 된다!

그림 8. 일출

벽 꿰뚫어보기

1890년대에 '엑스레이기'라는 아주 흥미로운 기구가 판매되었던 일을 기억한다. 당시 초등학생이었던 나는 그 기발한 발명품을 보고 놀라움을 금할 수 없었다. 관 모양의 기구를 통해 불투명한 물체의 속이 훤히 들여다보였기 때문이다.

이 엑스레이기는 두꺼운 종이는 말할 것도 없고 진짜 엑스선이 통

그림 9. 그럴듯해 보이는 가짜 엑스레이기

과하지 못하는 칼날까지도 꿰뚫어볼 수 있었다. 그림 9를 보면 이 기구의 원리를 쉽게 알 수 있는데, 45° 각도로 기울어진 4개의 작은 거울로 광선을 몇 차례 반사시킴으로써 광선이 불투명한 장애물을 우회할 수 있도록 만들었다.

오늘날 이 기구는 잠망경이라는 이름으로 군대에서 널리 사용되고 있다. 참호 속에서 고개를 내밀지 않고도 적의 동태를 살필 수 있고 또 적의 사격도 피할 수 있기 때문에 군인들에게 있어 잠망경은 없어서는 안 될 물건이다(그림 10).

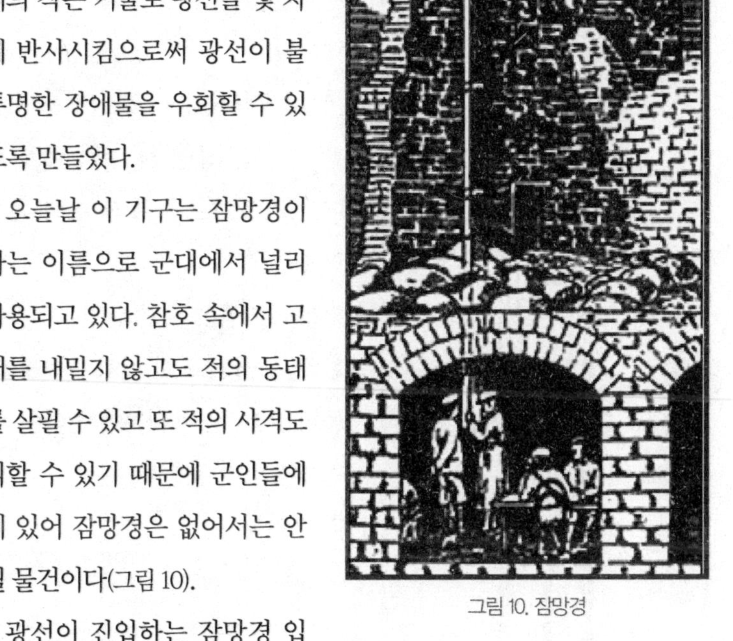

그림 10. 잠망경

광선이 진입하는 잠망경 입구에서 관찰자의 눈까지의 거리가 멀수록 시야는 좁아진다. 그래서 시야를 넓히기 위해 광학렌즈시스템이 이용되기는 하지만 어쨌든 잠망경 속으로 들어오는 빛의 일부가 유리에 흡수되기 때문에 사물의 상(像)이 희미하게 맺힐 수밖에 없고 이 때문에 잠망경의 길이를 무한

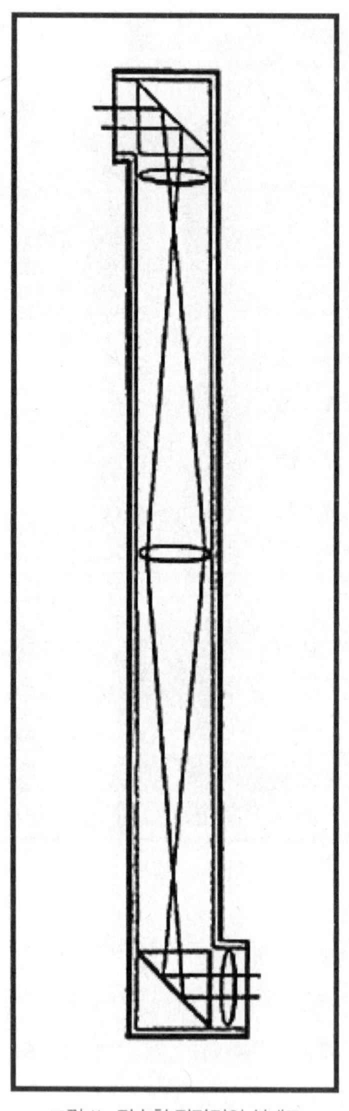

그림 11. 잠수함 잠망경의 설계도

정 늘릴 수 없다. 보통 20미터를 잠망경 길이의 최대 한도로 보는데 잠망경의 길이가 20미터 이상 되면 시야가 아주 좁아지고 특히 날씨가 흐릴 경우에는 희미한 상이 맺힌다.

잠수함 함장들이 적 함정을 주시할 때 쓰는 잠망경은 육상에서 쓰이는 잠망경보다 훨씬 더 복잡한 구조를 갖는다. 물 밖으로 드러난 부분의 거울(또는 프리즘)에서 빛이 한 번 반사되고 이 빛이 관을 따라 들어온 뒤 관 아래쪽에서 다시 한 번 반사되어 관찰자의 눈에 도달한다(그림 11).

'잘린' 머리가 말을 한다

지방을 순회하는 '박물관'과 '밀랍세공품전시회'에서 '기적'을 목격하게 되는 경우가 있다. 정말 끔찍했던 것은, 작은 테이블 위에 놓인 접시에서 살아 있는 사람의 머리가 눈알을 굴리며 말도 하고 음식도 먹는다는 것이었다! 작은 테이블 밑에는 사람이 숨을 만한 공간이 없어 보였다. 물론 테이블 쪽으로 다가가지 못하도록 막아 놓기는 했지

그림 12. '잘린' 머리의 비밀

만 어쨌든 테이블 밑에 아무도 없다는 것은 분명해 보였다.

만약 여러분이 이런 '기적'을 목격한다면, 테이블 밑 빈 공간을 향해 구겨진 종이 뭉치를 던져 보자. 종이 뭉치가 거울에 부딪쳐 튕겨나올 것이다! 설사 종이 뭉치가 테이블까지 날아가지 못한다 해도 거울이 있다는 것을 쉽게 알 수 있는데 그것은 종이 뭉치가 거울에 반사되어 보이기 때문이다(그림 12).

멀리서 봤을 때 테이블 아래 공간이 비어 있는 것처럼 보이는 것은 테이블 다리 사이에 거울을 세워두었기 때문이다. 이때 방 안에 있는 다른 물건들과 사람의 모습이 거울에 비쳐서는 안되는데, 텅 빈 방에 사방의 벽을 똑같이 만들고 바닥을 무늬 없이 단색으로 칠하는 이유가 바로 여기에 있다(물론 관객들은 거울로부터 충분한 거리를 두고 앉아 있어야 한다). 정말 간단한 비밀인데 그 비밀이 무엇인지 알기 전까지는 그저 당혹스러울 뿐이다.

말이 난 김에 이 마술의 효과가 극대화되는 예를 들어보자. 마술사가 위아래 아무것도 없는 텅 빈 테이블을 관객들에게 보여준다. 그리고 사방이 막힌 상자 하나를 무대 뒤에서 들고 나오는데 이때 마치 살아 있는 사람의 머리가 상자 안에 들어 있는 것처럼 연기를 한다(실제로 상자 속은 비어 있다). 곧이어 상자를 테이블 위에 올려놓은 다음 상자 앞쪽을 막고 있는 판을 위로 젖혀 열면 관객들 앞에 '말하는 사람의 머리'가 나타난다. 이쯤 되면 독자 여러분은 테이블 윗판에 어떤 장치가 있는지 알아차렸을 것이다. 테이블 윗판에 큰 구멍이 나 있고 이 구멍이 또 다른 판 그러니까 젖혀서 열 수 있는 판으로 덮여 있는데 바로 이 구멍을 통해 테이블 밑(거울 뒤)에 있던 사람이 고개를 위로 내미는 것이다(물론 바닥이 뚫린 빈 상자가 테이블 위에 놓인 다음에).

앞이야 뒤야?

일상생활에서 우리는 다양한 물건들을 사용하며 살아간다. 하지만 그 중에는 사용법을 잘못 알고 사용하는 것들도 적지 않다. 가령 얼음으로 음료수를 차갑게 만들 때 얼음 밑이 아닌 얼음 위에 음료수를 두는 것이 좋은 예다. 그러면 우리가 매일 들여다보는 거울은 어떨까? 흔해빠진 거울이라고 해서 아무렇게나 봐도 문제가 없는 걸까? 사실

그림 13. 거울을 볼 때는 앞쪽에 램프를 두어야 잘 보인다

은 그렇지 못하다. 왜냐하면 자신의 모습을 더 잘 보기 위해 늘 램프를 등지고 거울을 보는데 그러다 보니 정작 자기 자신보다는 거울에 비친 자신의 모습을 밝게 비추는 경우가 허다하기 때문이다. 오늘날 많은 여성들이 이런 실수를 범하고 있는데 이 책을 읽고 있는 여성 독자들만이라도 거울을 볼 때는 램프를 자기 앞에 두어야 한다는 것을 명심하기 바란다.

거울을 볼 수 있을까?

주변에서 늘 볼 수 있는 거울에 대해 아직 잘 모르는 사람이 많다는 것을 입증해 주는 또 다른 예가 있다. 거울 속에 비친 자신의 모습을 매일 들여다보면서도 대부분의 사람들이 '당신은 거울을 볼 수 있는가?'라는 질문에 자신 있게 답하지 못한다.

거울을 보는 것이 가능하다고 믿는 사람들에게는 '절대로 그렇지 않다'라고 말하고 싶다. 질 좋고 깨끗한 거울은 눈에 보이지 않는다. 다만 거울 주위를 둘러싸고 있는 틀과 거울에 비친 사물의 모습만이 보일 뿐이다(거울이 더렵혀지지 않았다면 말이다). 빛을 반사시키는 표면은 빛을 산란시키는 표면과 달라서 그 자체로는 눈에 보이지 않기 때문이다(사방으로 빛을 산란시키는 표면을 분산표면이라고 한다). 흔히 우

그림 14. 우리가 보는 것은 거울이 아니라 거울의 틀과 거울에 비친 사물의 모습이다

리는 빛을 반사시키는 표면을 광택이 있다고 표현하고 빛을 산란시키는 표면을 무광택이라고 표현한다.

거울을 이용한 모든 마술과 눈속임은 앞서 살펴본 '말하는 머리'의 경우와 같이 거울 자체는 보이지 않고 그 속에 비친 사물의 모습만 보이는 원리에 기초하고 있다.

거울에 비친 내 모습은 정말 나의 모습일까?

이 질문에 대해 많은 사람들이 "물론 우리 자신의 모습이다. 거울에 비친 모습은 우리 자신의 모습을 아주 세세한 부분까지 정확하게 옮겨놓은 것이다"라고 답할 것이다.

하지만 정말 거울이 우리의 모습을 정확하게 비추고 있는지는 확인해 봐야 한다. 예를 들어 여러분의 오른쪽 뺨에 검은 점이 하나 있다고 하자. 그러면 거울에 비친 여러분의 '분신'의 뺨은 어떻게 보일까? 오른쪽 뺨에는 점 하나 없고 아주 깨끗하지만 왼쪽 뺨에는 점이 하나 있다(실제로 여러분의 왼쪽 뺨에는 점이 없다). 또 여러분이 머리를 오른쪽으로 빗어 붙이면 거울 속 분신은 왼쪽으로 빗어 붙인다. 여러분의 오른쪽 눈썹이 왼쪽 눈썹보다 더 짙고 위로 더 치켜올라가 있다면, 여러분의 분신은 왼쪽 눈썹이 오른쪽 눈썹보다 더 짙고 위로 더 치켜올라가 있다. 어디 그뿐이겠는가? 여러분이 조끼 오른쪽 주머니에 시계를 넣고 다니고 양복저고리 왼쪽 주머니에 수첩을 넣고 다니는 반면 거울 속 분신은 이와 정반대로 한다. 수첩이 양복저고리 오른쪽 주머니에 있고 시계는 조끼 왼쪽 주머니에 있다. 그리고 시계 숫자판을 잘 살펴보면 여러분은 '이런 시계는 본 적이 없다'고 말할 것이다. 숫자의 모양과 배열이 아주 이상하기 때문이다. 6 다음에 숫자 5가 오는 등 완전히 뒤죽박죽이다. 결정적으로, 거울 속 분신이 가지고 있는 시계의 바늘이 일반적인 시계 바늘이 움직이는 방향과는 반대로 움직인다.

거울에 비친 여러분의 분신은 여러분에게는 없는 신체적 결함을 지니고 있다. 그는 왼손잡이다! 글씨도 왼손으로 쓰고 바느질도 왼손으로 하고 음식도 왼손으로 먹는다. 여러분이 악수를 청하려고 오른 손을 내밀면 분신은 왼손을 내민다.

그리고 여러분의 분신이 글을 쓸 줄 아는지 모르겠지만 어쨌든 글씨를 괴상하게 쓴다는 것만은 분명하다. 왼손으로 써내려 가는 서툰

그림 15. 거울 속 분신의 시계

글씨 때문에 여러분의 분신이 써놓은 글은 한 줄도 읽을 수 없을 것이다. 이쯤 되면 더 이상 거울에 비친 모습이 여러분 자신의 모습과 같다고 주장할 수 없을 것이다.

농담은 이쯤에서 접기로 하자. 거울 속에서 자기 자신의 모습을 본다고 생각하는 것은 절대 금물이다. 비록 우리가 깨닫지는 못하지만 실제로 대다수 사람들의 얼굴과 몸, 입고 있는 옷이 완벽한 대칭을 이루는 것은 아니다. 즉 오른쪽 반이 왼쪽 반과 완벽하게 유사하지는 않다는 얘기다. 거울에 비친 모습에서는 오른쪽 반의 모든 특징이 왼쪽으로 옮겨지고 왼쪽 반의 모든 특징이 오른쪽으로 옮겨진다. 그래서 우리는 종종 자신의 실제 인상과는 전혀 다른 인상의 또 다른 자신을 거울 속에서 보게 된다.

거울 앞에서 그림 그리기

거울에 비친 모습이 원래의 모습과 같지 않다는 것은 다음의 실험을 통해 더욱 분명해진다

먼저 테이블 표면에 수직이 되도록 거울을 세운다. 그리고 거울 앞에 종이를 놓고 그 위에 대각선 있는 직사각형을 그리는데 이때 거울에 비쳐 보이는 손동작에만 주의를 기울인다.

그림 16. 거울 앞에서 그림 그리기

이제 여러분은 언뜻 봐서는 아주 간단할 것 같은 일이 알고 보면 거의 불가능에 가깝다는 것을 깨닫게 될 것이다. 사실 오랜 세월을 살다 보면 우리의 운동감각과 시각적 인상은 어느 정도 조화를 이루기 마련이다. 하지만 거울에 의해 손동작이 왜곡되어 보이는 이 실험에서는 더 이상 그런 조화를 기대할 수 없다. 아주 오래된 습관이 여러분의 손동작 하나 하나에 저항을 하는 것이다(예를 들어 오른쪽으로 선을 그으면 거울 속의 손은 펜을 왼쪽으로 끌어당긴다).

만약 직사각형보다 더 복잡한 도형을 그린다거나 어떤 글자를 쓴다거나 하면 정말 우스꽝스럽고 갈피를 잡을 수 없는 '뒤죽박죽'이 나올 것이다.

종이 위에 잉크로 쓰거나 그린 것을 압지로 찍어낼 때도 마찬가지 현상이 일어난다. 압지(잉크와 먹물 따위로 쓴 글씨가 마르기 전에 그 위에 눌러 잉크를 빨아들이는 종이--옮긴이)에 묻어나오는 잉크 자국 역시 거울에 비친 이미지와 마찬가지로 대칭을 이룬다. 압지에 얼룩덜룩 묻어나오는 글자들을 잘 살펴보면 무엇 하나 알아볼 수 있는 글자가 없다. 글자의 획순도 우리가 익히 알고 있는 그 획순이 아니다. 그런데 이 압지 앞에 거울을 수직으로 세워놓고 다시 한번 거울 속을 들여다보면 거기서 우리는 늘 봐 오던 글자 모양들을 보게 된다. 이 경우에는 정상적인 글자 모양과 대칭을 이룬 모양이 다시 한번 거울에 의해 대칭으로 반사되어 정상적인 글자가 된다.

정확히 계산된 신속함

일반적으로 같은 성질의 매질을 통과하는 빛은 가장 빠른 경로, 직선을 따라 나아간다. 하지만 한 지점에서 다른 지점으로 직접 이동하지 않고 거울에 반사되어 이동할 때도 빛은 가장 빠른 경로를 선택한다.

빛이 어떤 경로를 따라 이동하는지 알아보자. 먼저 그림 17에서 문자 A가 광원이고 선 MN이 거울이라고 하자. 그리고 선 ABC는 촛불의 빛이 눈 C에 도달하기 위한 경로라고 하자. 이때 직선 KB는 선 MN과 수직을 이룬다.

광학법칙에 의하면 반사각 2는 입사각 1과 크기가 같다. 이 법칙을 알고 있다면 A를 출발하여 거울 MN에 닿은 다음 C에 도달하기까지의 모든 가능한 경로들 중 경로 ABC가 가장 빠른 경로라는 것을 쉽게 증명할 수 있다. 먼저 광선의 경로 ABC를 또 다른 경로, 가령 ADC와 비교해 보자(그림 18). 점 A에서 MN을 향해 수직선 AE를 내리는데 이때 수직선이 점 F에서 광선 BC의 연장선과 교차할 때까지 계속 내려 그어야 한다. 그리고 점 F와 점 D도 연결한다. 자 이제 삼각형 ABE와 삼각형 EBF가 동일한지 확인해보자. 두 삼각형은 직각삼각형이고 공

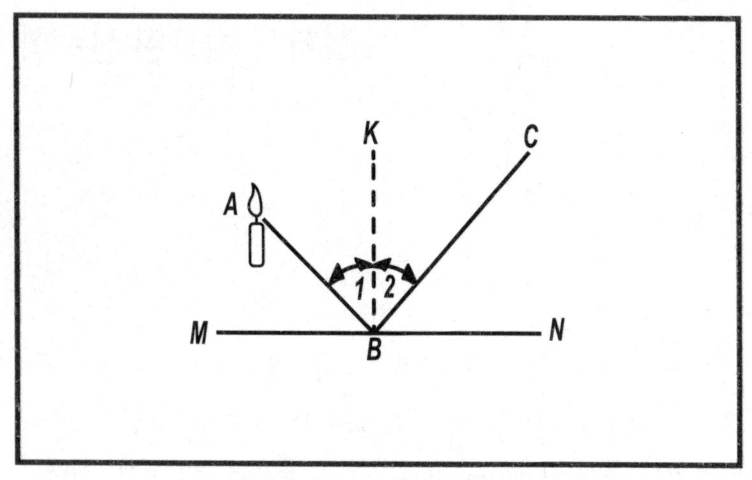

그림 17. 반사각 2는 입사각 1과 같다

통의 변 EB를 갖는다. 또한 각 EFB와 각 EAB는 크기가 같다. 왜냐하면 두 각이 각각 각2, 각1과 같기 때문이다. 따라서 AE=EF가 되고 결국 직각삼각형AED와 직각삼각형EDF가 같고 AD와 DF가 같다는 결론이 나온다.

이렇게 해서 우리는 경로 ABC를 경로 CBF로 바꿀 수 있고(AB=FB이기 때문에) 경로 ADC는 경로 CDF로 바꿀 수 있다는 것을 알았다. 그리고 CBF와 CDF의 길이를 비교해 보면 직선 CBF가 절선(折線) CDF보다 짧다는 것을 알 수 있고 따라서 경로 ABC가 경로 ADC보다 짧다는 결론이 나온다. 우리는 바로 이것을 증명하려고 했던 것이다!

점 D가 어디에 위치해 있든, 경로 ABC는 항상 경로 ADC보다 짧다(반사각이 입사각과 같다면 언제나 그럴 것이다). 이처럼 빛은 광원과 거

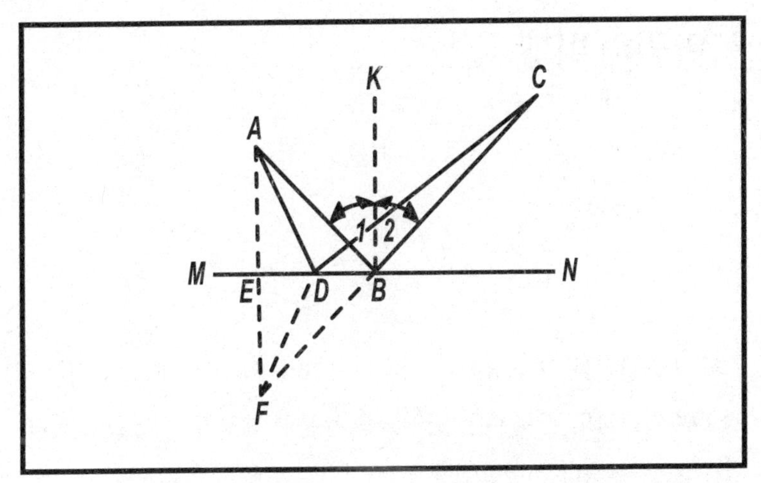

그림 18. 빛이 반사되면서 최단 거리의 이동 경로가 선택된다

울 그리고 눈 사이에 존재하는 모든 가능한 경로들 중에서도 가장 짧고 빠른 경로를 선택한다. 이 문제에 처음 눈을 돌린 것은 2세기 무렵 수학자와 물리학자로 활동했던 헤론(?~?, 그리스 발명가, 헤론 공식으로 알려진 3각형의 면적 공식을 세웠다--옮긴이)이라는 그리스인이었다.

까마귀의 비행

앞에서 살펴본 것과 유사한 경우들이 많이 있다. 이제 최단 거리의 경로만 찾는다면 골치 아픈 난제들을 충분히 해결할 수 있을 것이다. 그 난제들 중 하나를 풀어보자.

그림 19. 까마귀에 관한 문제. 울타리까지 날아가는 최단 거리 찾기

나뭇가지 위에 까마귀 한 마리가 앉아 있고 그 아래 땅바닥에는 곡물 알갱이들이 여기저기 뿌려져 있다. 그런데 이 까마귀가 갑자기 나뭇가지에서 내려와 땅바닥의 곡물 알갱이를 입으로 낚아채고 다시 울타리 위로 날아가 앉는다. 여기서 문제를 내겠다. 까마귀가 가장 빠른 경로로 이동하려면 어디서 낟알을 낚아채야 할까?(그림 19)

이 문제는 앞에서 살펴본 문제와 아주 흡사하기 때문에 답을 맞히기가 그리 어렵지 않을 것이다. 까마귀는 빛이 나아가는 것처럼, 즉 각 1이 각 2와 같아질 수 있도록 날아가야 한다(그림 20). 그것이 최단 경로이기 때문이다.

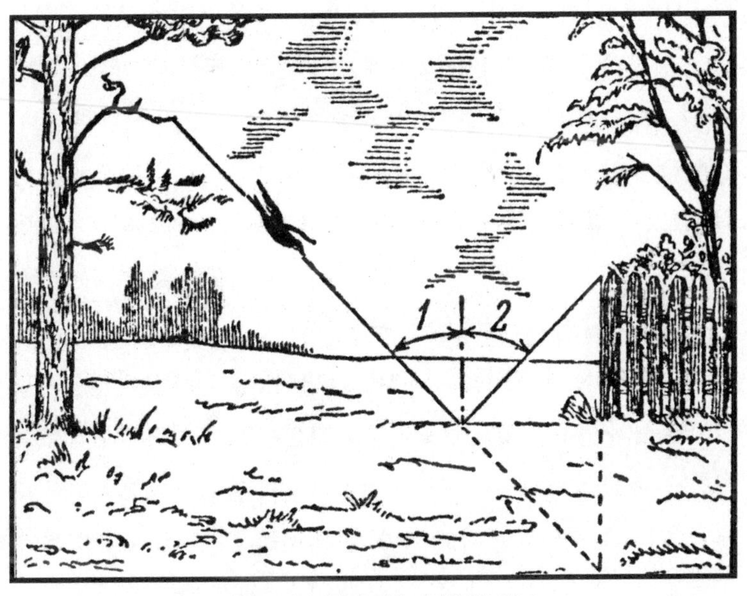

그림 20. 까마귀에게 최단 거리를 찾아주자

만화경의 어제와 오늘

만화경으로 불리는 아주 멋진 장난감을 모르는 사람은 없을 것이다. 만화경이란, 원통 속에 든 다양한 색의 색지나 유리조각들이 2~3개의 평평하고 작은 거울에 반사되는 기구를 말하는데 이것을 조금만 회전시켜도 변화무쌍하고 아름다운 이미지들이 우리의 눈을 즐겁게 한다. 물론 많은 사람들이 만화경에 대해 알고 있겠지만 이것이 얼마나 다채롭고 또 얼마나 많은 이미지들을 만들어내는지 생각해 본 사람은 많지 않을 것이다. 예를 들어 20개의 작은 유리조각들을 가진 만화경을 분당 10회의 속도로 회전시키면 반사되는 유리의 위치가 끊임없이 바뀐다. 그렇다면 이때 만들어지는 이미지들을 모두 보기 위해서는 어느 정도의 시간이 필요할까?

아무리 뛰어난 상상력을 가진 사람이라 해도 이런 질문에 정확히 답하기는 쉽지 않을 것이다. 농담처럼 들리겠지만, 이 작은 장난감 속에 감춰진 '패턴'들은 대양이 마르고 산맥이 닳아 없어질 때까지 봐도 다 못 볼 것이다. 왜냐하면 최소 5천억 년은 걸려야 그것들 모두를 볼 수 있기 때문이다. 만화경이 만들어내는 다양한 패턴을 빠짐없이 보기 위

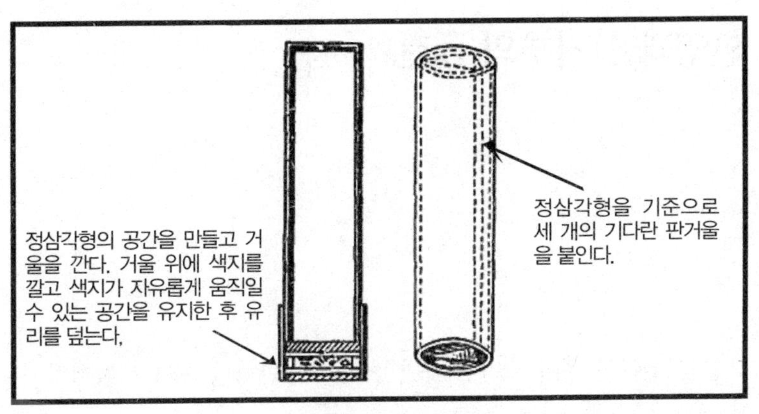

그림 21. 만화경의 구조

해 5천억 년 이상 만화경을 돌려야 한다니 참으로 기가 막힐 노릇이다!

그래서일까, 만화경의 무늬는 이미 오래전부터 장식미술가들의 관심을 끌었는데 만화경의 무궁무진한 창의력 앞에서는 장식미술가들의 상상력마저도 기를 펴지 못할 정도였다. 게다가 만화경이 만들어 내는 무늬들 중에는 아름다운 것들이 많아서 벽지를 장식하거나 직물에 무늬를 넣을 때 아주 훌륭한 모티브로 쓰였다.

백 년 전 처음 세상에 나왔을 때만 해도 만화경은 산문과 시를 쓰는 작가들로부터 찬미를 받는 등 그 인기가 정말 대단했다. 하지만 그 후로는 더 이상 대중의 관심을 불러일으키지 못한 채 단지 흥미로운 장난감으로 전락하고 말았다. 하지만 만화경은 그 무늬를 촬영할 수 있는 기구의 발명과 함께 온갖 종류의 장식 무늬를 만드는 데 유용하게 쓰이고 있다.

환영과 신기루의 궁전

만약 우리의 몸이 유리 조각만큼 작아져 만화경 속으로 들어갈 수 있다면 그때의 느낌은 어떨까? 1900년 파리국제전시회에서 이와 비슷한 실험이 실제로 이루어졌다. 당시 전시회를 참관한 사람들은 '환영의 궁전'이라는 것을 관람할 수 있었는데 바로 이것이 만화경과 똑같은 원리로 작동하는 장치였다(만화경과 원리는 같았지만 회전시키는 것은 불가능했다). 육각형의 홀이 있고 홀의 모든 벽은 완벽하게 연마된 거울로 둘러싸여 있다고 상상해 보자. 그리고 홀 구석 구석에 기둥과 천장돌림띠(cornice: 실내에서 천장과 벽의 경계에 돌출한 부분-옮긴이) 같은 건축 장식들이

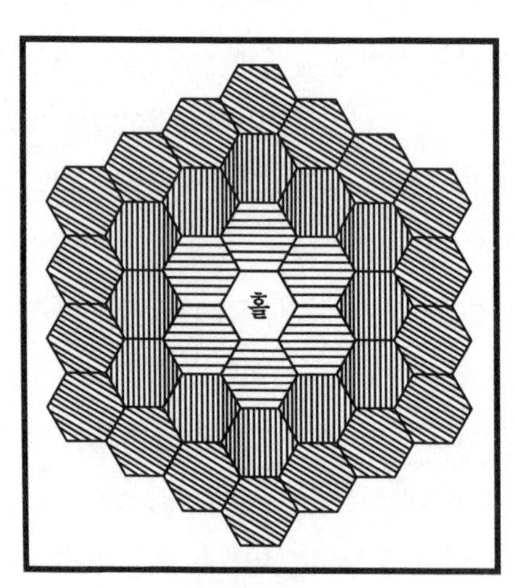

그림 22. 중앙 홀의 벽이 세 번 반사되면 36개의 홀이 생긴다

있다고 상상해 보자. 홀 안에 들어선 관람객은 끝없이 이어진 홀과 기둥들 속에서 자신을 쏙 빼 닮은 수많은 분신들을 본다(사방으로 둘러싼 홀과 기둥들이 세로 방향으로 무한히 뻗어나간다).

그림 22에서 수평선 무늬로 채워진 6개의 육각형 홀은 중앙 홀이 거울에 한 번 반사될 때 나타난다. 그리고 두 번 반사되면 6개의 홀 주위에 12개의 홀, 즉 그림 22에서 수직선 무늬로 채워진 12개의 홀이 나타나고 세 번 반사되면 다시 18개의 홀이 나타난다(그림 22에서 사선 무늬로 채워진 홀들). 홀의 수는 반사가 거듭되면서 점점 늘어나는데 이때, 거울의 연마 상태가 얼마나 완벽한가, 마주보는 거울면들이 얼마나 평행하게 배치되어 있는가에 따라 그 수가 달라진다. 실제로 열두 번의 반사가 일어나는 동안 훨씬 많은 수의 홀이 생겨난 경우가 있는데 정확히 468개의 홀이 보였다고 한다.

빛의 반사법칙을 알고 있다면 왜 이런 현상이 일어나는지 쉽게 이해할 수 있다. 이유는바로 홀 안에 세 쌍의 평행하는 거울과 10쌍의 각을 이루

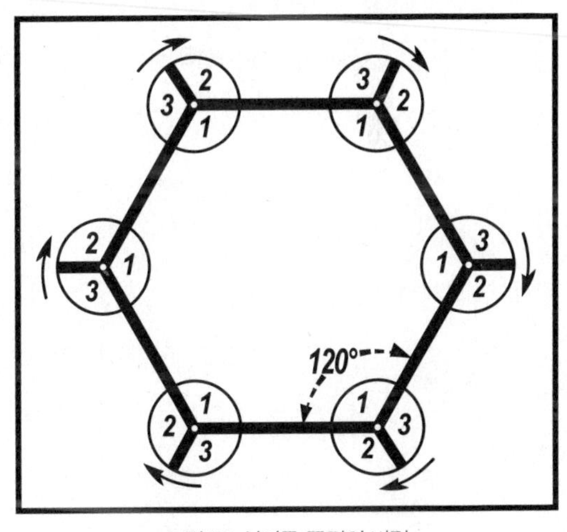

그림 23. 신기루 궁전의 비밀

는 거울이 있기 때문이다. 따라서 거울의 쌍들이 만들어내는 수많은 반사 영상은 전혀 놀라운 일이 아니며 오히려 파리전시회의 '신기루 궁전'이 거둔 광학적 효과가 더 큰 흥미를 불러일으킨다. '신기루 궁전'의 제작자들은 무수히 많은 반사 영상들에 더하여 전체 풍경의 순간적인 교체까지 이루어냈는데 그것은 마치 거대한 크기의 움직이는 만화경 같았다(그 속에 관객들이 들어가 있었다).

'신기루 궁전'의 내부 풍경이 바뀌는 원리는 이렇다.

먼저 각각의 거울 벽 양 끝 가장자리로부터 어느 정도 떨어진 지점에서 거울을 세로로 절단한다. 그러면 이때 생기는 모서리들이 중심축 주위를 돌면서 자리바꿈을 한다. 그림 23을 보면 모서리 1, 2, 3에 상응하는 세 번의 장면 변화가 가능하다는 것을 알 수 있다.

이제 상상해 보자. 숫자 1로 표시된 모든 모서리에는 열대 숲의 풍경이, 숫자 2로 표시된 모서리에는 아라비아식 홀이 그리고 숫자 3으로 표시된 모서리에는 인도 신전의 풍경이 묘사되어 있다고 말이다.

숨겨진 회전장치에 의해 열대 숲의 풍경이 신전이나 아라비아식 홀로 바뀌는 이 신기한 마술의 모든 비밀은 빛의 반사라는 지극히 단순한 물리적 현상에 기초하고 있다.

빛은 왜, 어떻게 굴절되는가?

하나의 매질에서 다른 매질로 옮겨갈 때 빛이 굴절한다는 사실을 놓고 많은 사람들이 '이 무슨 변덕스러운 자연의 조화인가'라고 생각할 것이다. 그렇다. 새로운 매질을 통과하는 빛이 원래의 방향이 아닌 굴절된 경로를 선택하는 데에는 이유가 있다. 하지만 이런 궁금증으로 크게 고민할 필요는 없다. 가령 줄지어 행군하는 병사들이 걷기 편한 땅과 걷기 힘든 땅의 경계선을 넘을 때 겪게 되는 것과 똑같은 일이 빛의 이동에서도 일어난다는 것을 곧 알게 될 것이기 때문이다. 19세기에 천문학자와 물리학자로 명성을 떨친 존 허셜(John Herschel: 1792~1871, 천왕성을 발견한 윌리엄 허셜의 아들--옮긴이)의 이야기를 들어보자.

"직선의 경계를 따라 두 지대로 나뉘는 곳에서 군부대가 행군을 하고 있다. 두 지대 중 하나는 평탄해서 걷기가 편하고 다른 하나는 곳곳이 울퉁불퉁하여 빨리 걷기가 힘들다. 이때 모든 병사가 한꺼번에 경계선을 넘을 수 없고 한 사람씩만 경계선을 넘어야 한다고 가정하자. 그러면 각각의 병사는 경계선을 넘어섬과 동시에 새로운 성질의 땅, 즉 빨리 걷기 힘든 땅에 들어서게 된다. 그리고 아직 걷기 편한 땅을 걷고 있는 후방의 병사들과 보조를 맞출 수 없어 점점 그들로부터 뒤쳐지고 결국 대열의 나머지 부분과 둔각을 이루게 된다. 따라서 서로의 진로를 막지 않고 보조를 맞추며 걸어갈 수 있는 경로는 첫째, 새롭게 형성된 대열과 수직을 이루고 둘째, 속도가 느려지지 않는다고 가정했을 때 지나게 될 경로와의 비가, 새로운 속도와 그 이전의 속도의 비와 같아진다."

'빛의 굴절'이 무엇인지 실험을 통해 좀 더 알아보자. 먼저 그림 24와 같이 테이블 상판의 반을 천으로 덮어씌우고 테이블을 약간 기울여 놓는다. 그리고 축에 끼운 한 쌍의 작은 바퀴를 기울어진 테이블 위쪽에서부터 굴려 보자(아이들 장난감 중에 망가진 기관차의 바퀴를 떼어내면 좋은 실험재료가 될 것이다). 바퀴의 운동 방향이 테이블보의 끝선과 직각을 이루면 경로의 굴절은 일어나지 않는다(여기서 우리는 '매질의 분계면에 대해 수직을 이루는 빛은 굴절하지 않는다'는 광학법칙의 실례

그림 24. 빛의 굴절을 설명하는 실험

를 보게 된다). 하지만 테이블보 끝선에 대해 경사를 이루며 움직인다면 바퀴의 경로는 굴절할 수밖에 없다. 즉 두 매질의 경계선에서 굴절이 일어나는 것이다. 운동 속도가 더 큰 곳(테이블보가 덮여 있지 않은 부분)으로부터 운동 속도가 더 작은 곳(테이블보 위)으로 이동할 때 경로('빛')의 방향은 '정상 입사각(normal incidence)' 쪽으로 접근한다. 그리고 그 반대의 경우에는 정상 입사각으로부터 멀어진다.

이 실험을 통해 알 수 있는 것은 '두 매질에서 빛의 속도가 차이를 보일 때 굴절이 일어나며 속도의 차가 크면 클수록 굴절의 정도도 심해진다'는 것이다. 빛의 굴절 정도를 나타내는 '굴절지수' 역시 두 속도의 비인데, 가령 빛의 매질이 공기에서 물로 바뀔 때의 굴절 지수가 4/3이라고 하면 이것은 빛의 공기 중 이동속도가 물 속 이동속도보다 1.3배 더 빠르다는 것을 의미한다.

끝으로 빛의 이동과 관련된 또 하나의 특성은, 반사되는 빛은 최단 경로를 선택하지만 굴절되는 빛은 가장 빠른 경로를 선택한다는 것이다. 즉 굴절된 경로보다 더 빠른 속도로 빛을 '목적지'까지 인도해주는 것은 없다.

멀리 돌아가는 길이 가장 빠른 길?

굴절된 경로를 따라 이동하면 더 빨리 목적지에 도달할 수 있다는 말이 정말일까? 그렇다. 이동 중 운동 속도가 달라지면 굴절된 경로가 가장 빠른 경로로 될 수 있다. 예를 들어 두 열차 역 사이에 위치한 한 시골 마을이 두 역 중 어느 한쪽에 더 가깝게 인접해 있다고 하자. 멀리 있는 역으로 급히 가려고 할 때 마을 사람들은 어떤 경로를 선택할까? 아마 마을 사람들은 가까운 역까지 말을 타고 간 다음 거기서 열차로 갈아타고 목적지까지 갈 것이다. 말을 타고 곧장 목적지로 가는 게 더 빠를 것 같지만 사람들은 말을 타고 열차로 갈아타는 번거로움을 마다하지 않고 더 먼 길을 선택한다. 왜냐하면 바로 그 길이 목적지까지 더 빨리 갈 수 있는 길이기 때문이다.

또 다른 예를 들어보자. 한 기병이 사령관에게 보고하기 위해 A 지점에서 C 지점(사령관의 막사가 있는 곳)까지 가려고 한다. 그런데 A지점과 C지점 사이에는 발이 푹푹 빠지는 모래땅과 풀밭, 즉 성질이 서로 다른 땅이 펼쳐져 있고 두 지대는 직선 EF를 경계로 나뉘어 있다. 말이 모래땅 위를 이동할 때의 속도가 풀밭 위를 이동할 때의 속도보

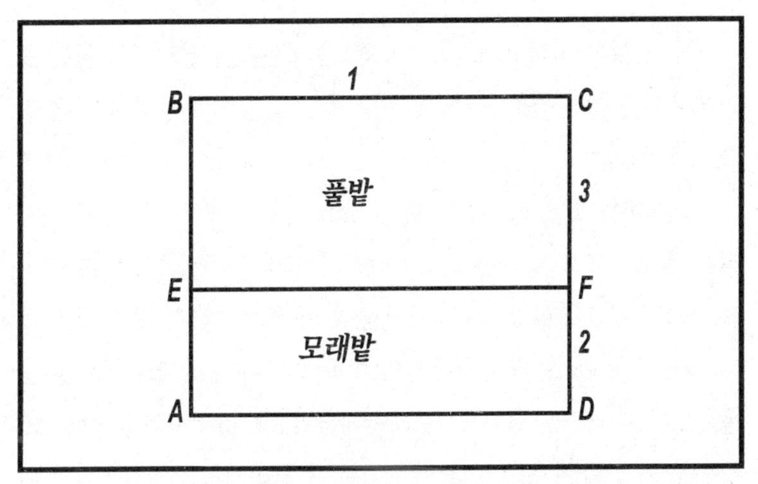

그림 25 기병에 관한 문제. A에서 C까지 가는 가장 빠른 길 찾기

다 두 배 느리다고 했을 때 사령관의 막사까지 최단 시간에 갈 수 있는 경로는 어떤 경로일까?

언뜻 봐서는 A에서 C까지의 직선이 가장 빠른 경로가 될 것 같다. 하지만 실제로는 그렇지 않다. 먼저 이동 속도가 느릴 수밖에 없는 모래땅 위의 경로를 최대한 단축시키기 위해 기병은 가능하면 직선으로 모래땅을 관통하려 할 것이다(이럴 경우 전체 경로의 두 번째 구간, 즉 풀밭 위의 경로는 더 길어진다). 풀밭에서는 이동 속도가 두 배 더 빨라지기 때문에 풀밭 위의 경로가 더 길어졌다고 해서 손해를 보지는 않는다(이동 시간이 더 짧아진다). 따라서 기병의 이동 경로는 두 지대의 경계선 위에서 굴절되어야 하고 수직선 PQ에 대한 풀밭 경로의 각도가 수직선 PQ에 대한 모래땅 경로의 각도보다 더 커야 한다.

기하학, 특히 피타고라스의 정리를 잘 아는 사람이라면 주어진 조건에서 가장 빠른 경로는 굴절된 AEC라는 것을 쉽게 알 수 있을 것이다(그림 26).

그림 25를 보면, 모래땅의 폭은 2km, 풀밭의 폭은 3km, BC의 거리는 7km이다. 그렇다면 피타고라스의 정리에 따라 AC의 총 길이는 $\sqrt{5^2+7^2}=\sqrt{74}=8.60$km이고 모래땅 위의 경로 AN은 AC의 2/5 즉 3.44km가 된다. 모래땅 위에서의 이동 속도가 풀밭 위에서의 이동 속도보다 두 배 더 느리므로 모래땅에서의 3.44km는 곧 풀밭에서의 6.88km와 같다(소요 시간으로 보면 그렇다). 따라서 직선 AC를 따라 이동할 경우 풀밭 위로 12.04km 이동하는 것과 같다.

이번에는 굴절된 경로 AEC의 길이를 알아보자. AE는 2km이고 이

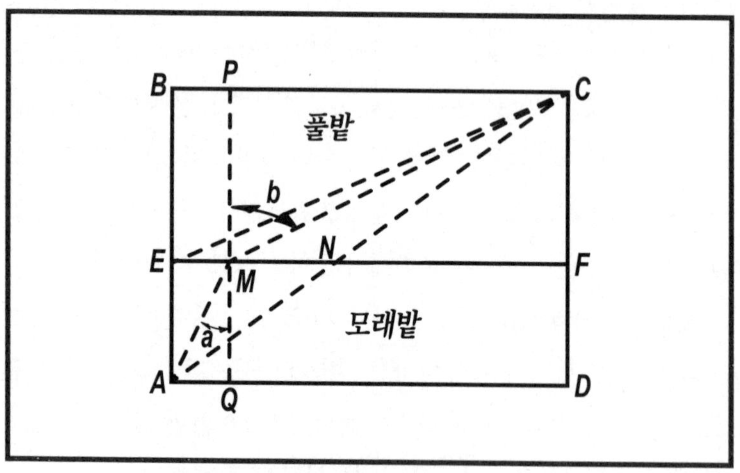

그림 26. 기병에 관한 문제 풀이. 가장 빠른 길은 AMC이다

것은 풀밭에서의 4km에 해당한다.

$EC=\sqrt{3^2+7^2}=\sqrt{58}=7.61$km이다. 따라서 굴절된 경로 AEC의 전체 길이는 4+7.61=11.61km이다.

따라서 직선의 '짧은' 경로는 풀밭에서의 12.04km에 해당하고 굴절된 '긴' 경로는 풀밭에서의 11.61km에 해당한다. 즉 '긴' 경로가 '짧은' 경로보다 거의 500미터 더 짧아지는 것이다!(12.04-11.61=0.43)

이제 가장 빠른 경로를 계산해 보자. 삼각법에 의하면, sin *b*와 sin *a*의 비가 풀밭 위 속도와 모래땅 위 속도의 비와 같아지는(즉 2:1이 되는) 경로가 가장 빠른 경로다. 다시 말해서, sin *b*가 sin *a*보다 두 배 더 커질 수 있는, 방향을 택해야 한다. 이를 위해서는 지점 E로부터 1km

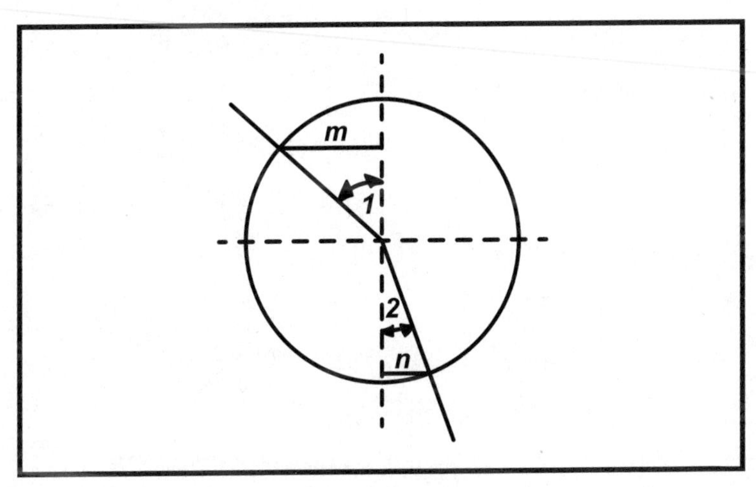

그림 27. 사인(sin)이 뭘까?
m을 반경으로 나눈 것이 각 1의 사인이고 n을 반경으로 나눈 것이 각 2의 사인이다

떨어진 지점 B에서 두 지대의 경계선을 넘어야 한다. 그래서

$$\sin b=\frac{6}{\sqrt{3^2+6^2}}, \sin a=\frac{1}{\sqrt{1+2^2}}, \frac{\sin b}{\sin a}=\frac{6}{\sqrt{45}}:\frac{1}{\sqrt{5}}=\frac{6}{3\sqrt{5}}:\frac{1}{\sqrt{5}}=2$$

즉 속도의 비와 같아진다.

그렇다면 풀밭까지 이어진 경로 AM의 길이는 얼마일까? 계산해 보자.

$AM=\sqrt{2^2+1^2}$ 이고 이것을 풀밭 위 경로로 따지면 4.47km에 해당한다. 또 $MC=\sqrt{45}=6.71$km 이므로 전체 경로의 길이는 4.47+6.71=11.18km 가 되고 결국 이것은 12.04km의 직선 경로보다 860m 더 짧은 경로가 된다.

이처럼 주어진 조건에서 경로가 굴절될 경우 어떤 이득이 있는지 쉽게 확인할 수 있다. 빛이 가장 빠른 경로를 선택하는 이유는, 빛의 굴절법칙이 문제를 수학적으로 해결하는 요건에 철저히 부합하기 때문이다. sin 입사각에 대한 sin 굴절각의 비는 이전 매질에서의 속도에 대한 새로운 매질에서의 속도의 비와 같다. 또한 이 비율은 두 매질에서의 빛의 굴절지수와 같다.

반사와 굴절의 특성을 하나의 법칙으로 정리하면, 어떠한 경우에도 빛은 가장 빠른 경로를 따라 진행한다고 말할 수 있다(페르마의 원리). 물리학자들은 이것을 '가장 빠르게 도달할 수 있는 원리'라고 부른다.

지구의 대기와 같이 매질 성분이 동일하지 않거나 굴절 특성이 변

화한다 해도 빛은 변함없이 가장 빠른 경로를 따라 진행한다. 천체의 빛이 대기 속에서 휘어지는 것도 바로 이 때문인데 천문학자들은 이것을 '대기굴절'이라 부른다. 대기의 밀도는 지면에 가까워질수록 높아진다. 그리고 빛이 대기 속으로 들어오면 구부러지면서 그 오목한 면이 지구를 향하는데 이때 빛은 이동속도가 크게 줄지 않는 대기 상층부에서는 오래 머무르고 속도가 '떨어지는' 대기 하층부에서는 짧은 시간을 보낸다. 결국 정확한 직선의 경로를 따라 이동할 때보다 더 빨리 목적지에 도달하는 것이다.

빛과 관계된 현상들뿐만 아니라 소리와 모든 파동의 전파들 또한 그 성질 여하에 관계 없이 페르마의 원리를 따른다.

새로운 로빈슨들

쥘 베른의 소설들 중에 《신비의 섬》이라는 소설이 있다. 이 소설을 읽다 보면 무인도에 버려진 주인공들이 성냥과 부싯돌 없이 불을 피우는 이야기가 나온다. 로빈슨은 번개를 이용해 나무에 불을 붙였지만 쥘 베른의 새로운 로빈슨들에게는 그런 행운이 허락되지 않았다. 정작 그들을 곤경에서 구한 것은 숙련된 기술자의 기발한 아이디어와 물리법칙에 대한 확고한 지식이었다. 사냥에서 돌아온 순박한 펜크로프가 모닥불 앞에 앉아 있는 기술자와 기자를 발견했을 때 몹시 놀라워하는 장면을 읽어보자.

"아니, 누가 불을 피웠지?" 펜크로프가 물었다.

"태양입니다." 스필렛이 답했다.

그것은 농담이 아니었다. 불을 피운 것은 정말 태양이었다. 눈 앞에 있는 불을 보고 뛸 듯이 기뻐하면서도 자신의 눈을 믿을 수 없었던 펜크로프는 다시 한번 기술자에게 물었다.

"그럼 점화유리를 구했단 말인가?"

"아닙니다, 제가 직접 만들었습니다."

기술자는 자신이 만든 것을 보여주었다. 하지만 그것은 자신의 시계와 스필렛의 시계에서 떼어낸 두 개의 유리조각에 불과했다. 알고 보니 두 유리조각의 가장자리를 점토로 이어 붙인 것이었는데(이어 붙이기 전에 미리 물을 채워 넣었다) 어쨌든 점화용 렌즈를 만들었다는 말은 거짓이 아니었다. 기술자는 점화 렌즈를 이용해 마른 이끼에 불을 붙였다.

두 개의 시계 유리 사이에 물을 채워 넣는 이유는 뭘까? 공기만 들어 있는 볼록렌즈로는 빛을 한 곳에 모을 수 없을까?

그렇지 않다. 시계 유리는 평행하는 두 개의 면, 즉 바깥쪽 면과 안쪽 면으로 이루어져 있다. 그리고 물리학 이론에 따르면, 두 면이 둘러싸고 있는 매질을 통과할 때 빛의 진행방향은 거의 바뀌지 않는다. 두 번째 유리를 통과할 때도 상황은 마찬가지다. 쉽게 말해서 빛이 하나의

그림 28. 시계 유리 두개를 겹치고 그 사이에 물을 넣으면 돋보기와 비슷한 기능을 한다

점에 모이지 않는 것이다. 따라서 빛을 하나의 점에 모으려면 공기보다 더 많이 빛을 굴절시키는 투명한 물질로 유리 사이의 공간을 채워야 한다. 쥘 베른의 소설에서 기술자가 한 일이 바로 그것이다.

점화렌즈의 역할을 하는 또 다른 예로 물이 담긴 유리 호리병을 들 수 있다(유리 호리병이 점화렌즈의 역할을 한다는 것은 고대인들도 알고 있었다). 예를 들어, 창턱에 놓아둔 유리 호리병(물이 담겨 있다)이 커튼과 테이블보 심지어 테이블 가장자리까지 태우는 일이 있다. 그리고 약국 진열창 안에 있는 장식용 유리병들(여러 빛깔의 물이 채워져 있고 형태는 구(球)형이다)이 가연성 물질을 발화시켜 큰 사고로 이어지는 경우도 적지 않다.

작고 둥근 플라스크에 물을 가득 채워 물을 끓일 수도 있다. 플라스크의 크기는 지름이 12cm 정도면 되는데 만약 플라스크의 지름이 15cm라면 빛이 모이는 초점의 온도는 무려 120도까지 올라간다. 그러니까 플라스크로 궐련에 불을 붙이는 것도 충분히 가능한 일이다.

하지만 한 가지 기억해 둘 것은, '물 렌즈'의 점화력이 유리렌즈의 점화력보다 훨씬 약하다는 점이다. 이것은 첫째, 물 속을 통과할 때의 빛의 굴절률이 유리 속을 통과할 때의 빛의 굴절률에 훨씬 못 미치고 둘째, 물체를 가열하는 데 결정적인 역할을 하는 적외선이 물 속에서 많이 흡수되기 때문이다.

그렇다면 안경과 망원경이 발명되기 천년 전, 아니 그보다 더 오래 전부터 유리렌즈의 점화 작용을 알고 있었다는 고대 그리스인들은 유리렌즈에 대해 어떤 생각을 가지고 있었을까? 아리스토파네스(Aristophanes, B.C. 445-385, 고대 그리스의 희극 작가--옮긴이)의 희극 《구름》에서 소크라테스와 스트레프시아디스가 나누는 대화를 들어 보자.

소크라테스: 누가 자네에게 5달란트(고대 서아시아와 그리스에서 질량과 화폐단위로 쓰였다--옮긴이)에 대한 차용증서를 써 준다면 자네는 어떤 방법으로 그것의 효력을 없앨 수 있겠나?

스트레프시아디스: 차용증서를 무용지물로 만들 수 있는 방법을 알고 있습니다. 들으시면 정말 기발하다고 하실 겁니다! 그 왜 약국에 있는 투명하고 예쁜 유리 있잖습니까? 불 붙이는 데 쓰는 것 말입니다.

소크라테스: 점화용 유리 말인가?

스트레프시아디스: 그렇죠.

소크라테스: 그걸로 뭘 하겠다는 말인가?

스트레프시아디스: 공증인이 증서를 쓰는 동안 제가 그 사람 뒤에 서서 차용증서에 햇빛을 쏘는 겁니다. 그 유리를 이용해서 말이죠. 그러면 증서에 써놓은 단어들이 모두 녹아 버릴 거예요.

독자 여러분의 이해를 돕기 위해 덧붙이자면, 아리스토파네스 시대의 그리스 사람들은 보통 왁스를 칠한 판자 위에 글을 썼는데 이 왁스가 쉽게 열에 녹았다고 한다.

얼음으로 불 피우기

양면 볼록렌즈로 쓰이는(따라서 불을 피울 수 있는) 것들 중에 투명한 얼음이 있다. 투명한 얼음은 빛을 굴절시키면서도 자기자신은 가열되거나 녹지 않는다. 얼음의 굴절지수가 물의 굴절지수보다 조금 낮긴 하지만 어쨌든 얼음렌즈로도 불을 피울 수 있다.

쥘 베른의 소설 《하트라스 선장의 모험》에 주인공들이 얼음렌즈를 활용하는 대목이 나온다. 영하 48°의 혹한에 부싯돌 마저 잃어버린 상황에서 클로보니 박사는 얼음으로 불을 피운다.

"큰일입니다!" 하트라스 선장이 박사에게 말했다.

"예, 큰일입니다." 박사가 대답했다.

"망원경도 없지 않습니까? 그나마 망원경이라도 있으면 렌즈로 불을 피워보겠는데요."

"맞습니다. 안타깝습니다. 햇빛이 강해서 부싯깃(불똥이 박혀서 불이 붙는 물건. 쑥잎 따위를 볶아서 비벼 만든다--옮긴이)에 불이 붙을 만한데 말입니다."

"어쩌죠? 곰 고기를 날로 먹어야 할 판이니……."

하트라스가 말했다.

"그러게 말입니다." 박사가 생각에 잠겨 말했다. "극단적인 경우에는 그럴 수밖에 없겠죠. 하지만 이런 방법도 있습니다."

"그게 뭐죠?" 하트라스가 물었다.

"좋은 아이디어가 떠올랐습니다."

"좋은 아이디어요?"

갑판장이 소리쳤다.

"그럼 이제 살 수 있는 겁니까?"

"모르겠어요, 어떻게 될지……." 박사는 자신 없는 목소리로 말했다.

"대체 어떤 아이디어입니까?" 하트라스가 물었다.

"우리가 직접 렌즈를 만드는 겁니다."

"어떻게 만들어요?" 갑판장이 물었다.

"얼음 조각으로 만들어야죠."

"그게 될까요?"

"안될 게 뭐 있겠어요? 햇빛이 하나의 점에 모이기만 하면 되는 것 아닙니까? 얼음이 크리스탈 유리의 역할을 톡톡히 해낼 겁니다. 이왕이면 담수가 얼어서 된 것이면 좋겠어요. 더 단단하고 투명하니까 말이죠.

"혹시 저런 거 아닙니까? "

갑판장이 백 걸음쯤 떨어진 곳에 있는 빙괴를 가리켰다

그림 29. 부싯깃 위의 한 점에 햇빛을 모으는 모습

"색깔을 보니 박사님이 말씀하신 바로 그 얼음 같은데요."

"맞아요, 저겁니다. 도끼를 가져오세요."

세 사람은 빙괴가 있는 쪽으로 걸어갔다. 그것은 정말 담수 얼음이었다. 박사는 지름 1피트의 얼음 조각을 잘라내게 한 다음, 도끼로 얼음 표면을 평평하게 다듬기 시작했다. 그리고 칼로 다시 한번 마무리를 한 뒤 손으로 문질러 광을 내자 얼음 조각이 투명한 렌즈로 변하기 시작했다. 마치 고급 크리스탈 유리 같았다. 햇빛도 아주 밝게 비치고 있었다. 박사는 렌즈를 들고 부싯깃 위의 한 점에 햇빛을 모으기 시작했다. 그리고 몇 초 후 부싯깃에 불이 붙었다.

쥘 베른의 이야기가 황당무계한 것만은 아니다. 1763년 영국에서는 얼음렌즈를 이용한 불 피우기 실험이 성공했고 그 후에도 얼음렌즈를 이용한 많은 실험이 성공을 거두었다. 물론 도끼나 칼 같은 도구로 '투명한' 얼음렌즈를 만드는 것이 쉬운 일은 아니다(그것도 영하 48도의 혹한에서!). 그래서 훨씬 더 간단한 방법을 사용하기도 한다.

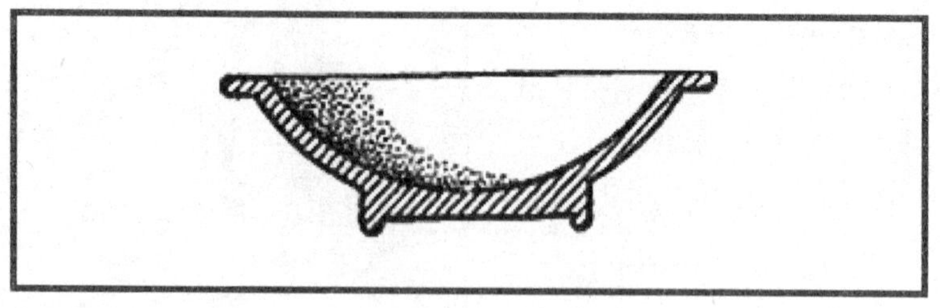

그림 30. 얼음렌즈를 만드는 데 필요한 사발

먼저 적당한 모양의 사발에 물을 가득 채워 냉동실에 넣고 냉동이 다 되면 다시 꺼낸다. 그런 다음 사발 아래를 조금 가열하면 완성된 렌즈를 얻을 수 있다.

여기서 잠깐!

실험을 할 때 잊어서는 안 될 것이 있다. 이런 실험이 성공을 거두려면 날씨가 아주 맑고 추워야 한다. 그리고 실내가 아닌 실외에서 실험이 이루어져야 한다. 왜냐하면 창유리를 통과할 때 태양광선의 에너지가 유리에 흡수되어 가열에 필요한 에너지가 부족해지기 때문이다.

햇빛을 이용하자

겨울철에 쉽게 할 수 있는 실험이 있다. 같은 크기의 천 조각 두 개(하나는 검은 색, 다른 하나는 밝은 색)를 햇빛이 내리쬐는 눈 위에 올려놓고 한두 시간 기다린다. 그러면 검은색 천 조각은 눈 속으로 빠지고 밝은 색 천 조각은 제자리에 그대로 있을 것이다. 이런 차이가 생기는 이유는 간단하다.

검은색 천은 햇빛의 대부분을 흡수해 밑에 있는 눈을 녹일 만큼 가열되지만 밝은 색 천은 햇빛의 대부분을 반사시켜 눈을 녹일 만큼 가열되지 않기 때문이다.

이 실험을 처음 시도한 사람은 미국의 유명한 독립운동가 벤자민 프랭클린이었다(그는 물리학자로서 피뢰침을 발명하여 불후의 명성을 얻었다). 그의 이야기를 들어보자.

나는 한 재단사에게 부탁해 여러 가지 색깔의 정사각형 천 조각을 얻었다. 그중에는 검은 색과, 어두운 청색, 밝은 청색, 녹색, 자주색, 붉은색, 흰색 그리고 그 밖의 여러 가지 색상의 천 조각이 있었다. 햇빛이 밝게 비치던 어느 날 아침 나는 쌓인 눈 위에 천 조각들을 올려놓았다. 몇 시간이 지나자 검은색 천 조각이 다른 천 조각들보다 더 많이 눈에 파묻혀 더 이상 햇빛을 받지 못하게 되었고 그 다음에는 어두운 청색의 천 조각이 거의 검은색 천 조각만큼 깊이 눈에 파묻혔다. 그런데 밝은 청색의 천 조각은 깊이 파묻히지 않았다.

누군가는 "그게 뭐 어쨌다고? 무슨 쓸데 없는 짓이야?"라고 할지도 모른다.

나는 이 실험을 통해, 검은색 옷은 태양 광선을 흡수하여 몸을 더 많이 가열하기 때문에 뜨거운 햇빛이 내리쬐는 열대 지방에서는 검은색 옷보다 흰색 옷이 더 적합하다는 결론을 얻을 수 있었다. 게다가 검은색 옷을 입고 운동까지 한다면(운동 자체만으로도 우리의 몸은 뜨거워진다) 과도한 열이 발생할 것이다! 일사병을 일으키는 무더위를 날려버리려면 여름 모자를 흰색으로 만들어야 한다. 그리고 겨울에는 해가 비칠 때 태양열을 충분히 흡수할 수 있도록 모든 벽을 검게 칠해야 한다. 그래야 추운 겨울밤에 과일이 어는 것을 막을 수 있기 때문이다. 주위의 것들에 조금만 더 주의를 기울이면 훌륭한 아이디어들이 떠오를 것이다.

이러한 결론을 잘 응용한 사례로 1903년 '가우스'호를 타고 남극 탐험을 떠난 독일 원정대 이야기를 들 수 있다. 항해 도중 이 배는 갑자기 얼음에 쳐박혀 오도가도 못하는 신세가 되고 말았다. 폭약과 톱으로 수백 입방 미터의 얼음을 제거했지만 배를 빼낼 수는 없었다. 결국 원정대는 햇빛을 이용하기로 했고 곧바로 검은 재와 석탄으로 얼음 표면을 덮기 시작했다(검은 재와 석탄으로 덮힌 얼음 표면은 길이 2km, 폭

그림 31. 배는 얼음을 깨면서 앞으로 나아갈 수 있을까?

10m의 거대한 띠 모양을 하고 있었다). 극지의 여름 햇빛은 정말 강렬했다. 검은 띠 아래의 얼음이 녹기 시작했고 원정대의 배가 거대한 얼음에서 빠져 나왔다. 다이너마이트와 톱이 해내지 못한 일을 햇빛이 해낸 것이다.

신기루의 어제와 오늘

흔히 경험하게 되는 신기루 현상의 물리학적 원인을 알아보자. 먼저 폭염에 뜨겁게 달아오른 모래땅은 거울의 성질을 띤다. 모래와 맞닿아 있는 가열된 공기 층이 그 위의 공기 층들보다 더 낮은 밀도를 가지기 때문이다. 그리고 아주 멀리 떨어진 곳에서 비스듬하게 뻗어오는 광선은 모래땅 위의 가열된 공기 층과 만나는 순간 마치 거울에 의해 큰 입사각으로 반사되듯 그 진로가 구부러져 관찰자의 눈에 들어오는데 이때 관찰자는 '사물(가령 나무와 풀--옮긴이)이 반사된' 수면이 눈앞에 펼쳐지는 듯한 느낌을 받는다(그림 32).

더 정확하게는, 가열된 공기 층이 '거울처럼' 반사시키는 것이 아니라, '물 속에서 본 수면처럼' 반사시키는 것이라고 해야 할 것이다. 즉 여기서는 단순한 반사와는 다른, 물리학자들이 '내부 반사'라고 부르는 반사가 일어나는 것이다. 따라서 내부 반사가 일어나기 위해서는 광선이 공기 층 속으로 들어올 때 그림 32에 간단히 나타낸 것보다 더 완만하게 기울어야 한다. 그렇지 않으면 광선의 '한계 입사각'을 넘지 못해 내부 반사가 일어나지 않는다.

그림 32. 사막에서 볼 수 있는 신기루

여기서 잠깐!

혹시 오해를 할 수도 있으니 미리 일러두겠다. 앞에서 설명한 것은 밀도가 높은 공기 층이 밀도가 낮은 공기 층 위에 놓이는 경우에 해당한다. 하지만 일반적인 경우에 밀도가 높고 무거운 공기는 아래로 내려가려는 성질과 함께 아래쪽의 가벼운 공기 층을 위로 밀어 올리려는 성질을 지닌다. 그렇다면 신기루가 생기는 데 필요한 공기 층의 배치, 즉 밀도가 높은 공기 층이 위로 놓이는 것은 어떻게 가능한 것일까?

이 수수께끼의 해답은 신기루가 생기는 데 필요한 '공기 층의 배치'가 정지된 공기가 아닌 움직이는 공기 중에서 이루어진다는 데서 찾아야 한다. 지면에 의해 가열된 공기 층은 지면 위에 머물러 있지 않고 계속해서 위로 밀려나면서 새롭게 가열된 공기 층에 자리를 내준다.

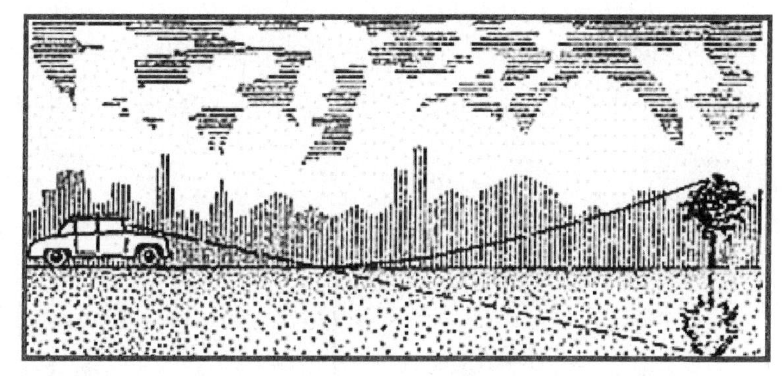

그림 33. 아스팔트 도로 위의 신기루

결국 끊임없는 공기 층의 교체를 통해 밀도가 낮은 공기 층과 가열된 모래의 접촉이 계속되는 것이다.

이런 종류의 신기루는 아주 오래전부터 알려져 있는 신기루이다. 현대 기상학에서는 이것을 '하부' 신기루라고 부른다(대기 상층부의 '밀도가 낮은 공기 층'이 광선을 반사시킴으로써 생기는 '상부' 신기루와는 다르다).

대부분의 사람들은 이러한 하부 신기루가 남쪽 사막의 찌는 듯한 공기 중에서만 관찰될 뿐 북쪽 지방에서는 일어나지 않는다고 믿는다.

하지만 북쪽 지방에서 하부 신기루가 관찰될 때도 있다. 특히 여름철 아스팔트 도로 위에서 그런 현상이 자주 일어나는데 이는 아스팔트의 색이 워낙 어두워 태양에 의한 가열이 심해지기 때문이다. 멀리서 보면 도로의 불투명한 표면이 마치 물을 뿌린 것처럼 보이고 따라서 멀리 떨어진 곳의 사물이 반사되어 보인다. 그림 33을 보면 신기루가 나타날 때 광선이 어떻게 뻗어나가는지 쉽게 알 수 있다. 물론 어느 정도의 관찰력만 있다면 이러한 현상을 목격하는 것은 결코 어려운 일이 아니다.

그런가 하면 또 다른 종류의 신기루, 즉 측면 신기루라는 것이 있다. 이것은 '가열된 수직 벽'에 의한 반사를 말하는 것으로, 한 프랑스 작가의 경험을 통해 그 실체에 접근할 수 있다.

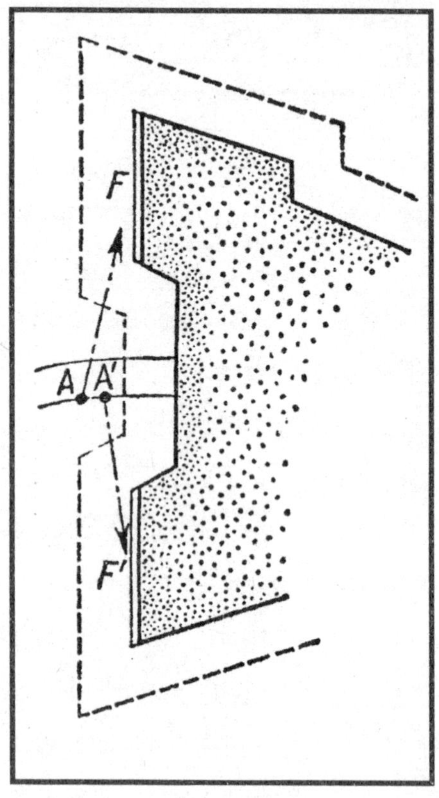

그림 34. 신기루가 관찰된 보루의 평면도. 벽 F는 지점 A로부터 그리고 벽 F1은 지점 A1으로부터 마치 거울처럼 보였다

보루 쪽으로 다가가던 작가는 평평한 콘크리트 벽이 갑자기 거울처럼 빛나는 것을 보았다. 콘크리트 벽이 주위의 풍경과 하늘 그리고 땅을 반사시킨 것이었다. 그리고 몇 걸음 더 다가가자 보루의 또 다른 벽에서도 똑같은 현상이 일어났다. 회색의 울퉁불퉁한 표면이 갑자기 매끈하고 광택이 나는

그림 35. 회색의 울퉁불퉁한 벽(왼쪽)이 갑자기 매끈하고
광택이 나는 반사 벽(오른쪽)으로 변한다

표면으로 바뀐 것 같았다. 그날은 불볕더위가 기승을 부렸기 때문에 보루의 벽이 아주 뜨겁게 달구어져 있었을 것이다.

그렇다. 수수께끼의 해답은 바로 여기에 있었다. 신기루는 두 벽이 햇빛에 의해 뜨겁게 달구어질 때 나타났던 것이다. 그림 34는 보루의 두 벽(F와 F1)이 어떻게 배치되어 있는지, 관찰자의 위치(A와 A1)가 어디인지를 보여준다.

그림 35는 처음에는 광택이 나지 않다가(왼쪽) 나중에는 거울처럼 반짝이는(오른쪽) 보루벽 F를 보여준다. 왼쪽의 벽은 평범한 콘크리트

벽으로서 벽 옆에 서 있는 두 병사의 모습이 반사되지 않는다. 하지만 오른쪽을 보면 똑 같은 벽인데도 거울의 성질을 띠고 있어 벽 옆에 서 있는 병사의 모습이 대칭을 이루며 반사되고 있다. 여기서 빛을 반사시키는 것은 벽 표면이 아니라 벽 표면에 접한 '가열된 공기층'이다.

푹푹 찌는 더운 날 대형 건물의 달구어진 벽을 유심히 살펴보자. 언제 신기루가 나타날지 모른다.

녹색 광선

지평선 너머로 사라지는 태양을 본 적이 있는가? 물론 있을 것이다. 그렇다면 태양의 위쪽 테두리가 지평선과 맞닿은 다음 완전히 사라질 때까지 태양을 지켜본 적은 있는가? 아마 있을 것이다. 하지만 구름 한 점 없는 맑은 날 눈부시게 빛나는 태양이 마지막 빛을 뿌리는 그 짧은 순간에 어떤 현상이 일어나는지 지켜본 사람은 많지 않을 것이다. 그것은 정말 놓쳐서는 안될 좋은 기회다. 여러분의 눈에 들어오는 녹색 광선은 그 어떤 화가도 아직 만들어내지 못했고 또 식물의 다양한 색조와 투명한 바다의 빛깔로도 재현할 수 없는 그런 녹색을 띠고 있을 것이다.

한 영국 신문에 실린 이 기사가 쥘 베른의 소설《녹색 광선》의 여주인공을 깊이 감동시켰고 그녀는 결국 녹색 광선을 직접 보기 위해 기나긴 여행길에 올랐다. 하지만 이 젊은 스코틀랜드 여성은 끝내 그 아름다운 자연 현상을 볼 수 없었다. 녹색 광선은 분명히 존재한다. 전설적 요소와 많은 연관이 있긴 하지만 그래도 전설은 아니다. 자연을 사랑하고 인내심이 있는 사람이라면 누구나 이 아름다운 현상을 볼 수 있고 또 황홀감에 빠지게 될 것이다.

녹색 광선은 왜 나타나는 것일까?

이 질문에 답하기 위해서는 유리 프리즘을 통해 보이는 사물이 어떤 모습을 하고 있는지 실험을 통해 알아볼 필요가 있다. 먼저 프리즘을 눈앞으로 가져가 보자. 이때 프리즘이 눈과 수평을 이루어야 하고 프리즘의 넓은 면은 아래쪽을 향해야 한다. 그리고 벽에 종이를 붙인 다음 프리즘을 통해 그 종이를 보자. 그러면 종이가 실제 위치보다 훨씬 위로 올라가 있을 것이다. 그리고 종이의 위쪽 테두리가 푸른 보라색을 띠고 있고 아래쪽 테두리는 붉은 황색을 띠고 있을 것이다. 종이가 위로 올라간 것처럼 보이는 것은 빛의 굴절 때문이고 테두리가 색채를 띠는 것은 유리의 특성 때문이다(유리는 여러 가지 색채의 빛을 서로 다르게 굴절시킨다). 푸른 보라색의 광선이 다른 색 광선보다 더 많이 굴절되기 때문에 종이 위쪽에서는 푸른 보라색 테두리가 보인다. 그리고 붉은 황색의 광선이 다른 색 광선보다 더 적게 굴절되기 때문에 종이 아래쪽에서는 붉은색 테두리가 보인다.

종이 테두리가 색채를 띠게 되는 원인을 좀 더 자세히 알아보자. 프리즘은 종이의 흰색을 연속된 스펙트럼으로 분해하여 종이의 다채로운 컬러 이미지를 만들어내는데 이때 굴절되는 순서에 따라 부분적인 색의 겹침이 일어난다. 이렇게 서로 겹쳐진 빛깔들이 동시에 작용함으로써 우리의 눈이 흰색을 감지하게 되지만 종이의 위쪽과 아래쪽에는 서로 섞이지 않는 빛깔의 테두리들이 나타난다. 이 실험을 직접 해

보고도 그 의미를 깨닫지 못했던 시인 괴테는 뉴턴의 색에 관한 학설을 자신이 뒤엎었다고 생각했다. 나중에 《색에 관한 과학》을 저술하지만 이것은 어디까지나 그의 그릇된 이해에서 비롯된 것이었다. 부디 이 책을 읽는 독자들은 위대한 시인 괴테가 범한 실수를 되풀이하지 않기를 바란다. 그리고 프리즘이 모든 사물의 색을 다시 칠해줄 것이라고 기대하지 않기를 바란다.

우리에게 있어(정확하게는 '우리의 눈에 있어'--옮긴이) 지구의 대기는 마치 거대한 '공기 프리즘'과 같은 역할을 한다(말하자면 밑변을 아래쪽으로 향한 프리즘이다). 그래서 지평선 위에 걸려 있는 태양을 볼 때 우리는 '공기 프리즘'을 통해 태양을 보는데 이때 태양 위쪽에서 청색과 녹색의 테두리를 그리고 태양 아래쪽에서 붉은 황색의 테두리를 보게 된다. 하지만 태양이 아직 지평선 아래로 내려가지 않았을 때는 태양빛이 너무 밝아 위 아래 테두리에 생기는 빛깔을 알아볼 수 없다. 하지만 태양이 뜨고 질 때, 그러니까 태양 전체가 지평선 아래로 모습을 감추고 있을 때는 태양의 위쪽 가장자리에서 청색 테두리를 볼 수 있다. 이 테두리는 두 가지 색깔을 갖는데 위쪽에는 청색 띠가 있고 아래쪽에는 하늘색 띠가 있다(청색과 녹색 광선이 혼합되었기 때문이다). 만일 지평선 부근의 공기가 아주 깨끗하고 투명하다면 우리는 청색 띠, 즉 '청색 광선'도 볼 수 있다. 하지만 대개의 경우 청색 광선은 대기에 의해 분산되기 때문에 녹색 광선 하나만 남는다. 그리고 대부분의 경우에 청색 광선과 녹색 광선 모두 혼탁한 대기에 의해 분산되는데 이때는 아무 때도 관찰되지 않는다(태양은 진홍빛의 공이 되어 지평선 너머로 떨어진다).

'녹색 광선'에 관한 자신의 연구논문에서 천문학자 G. A. 티호프(1875-1960, 러시아 천문학자이자 천체물리학자--옮긴이)는 이러한 현상의 징후 몇 가지를 예로 들고 있다.

> "태양이 질 때 붉은 색을 띠고 육안으로 태양을 볼 수 있다면 녹색 광선은 나타나지 않을 것이다."

당연하다. 태양 전체가 붉은 색을 띠고 있다는 것은 곧 청색 광선과 녹색 광선이 대기에 의해 심하게 분산되었음을 의미하기 때문이다.

> "반대로, 태양이 평소의 엷은 노란색을 띠고 아주 밝게 빛난다면(즉 대기에 의한 빛의 흡수가 심하지 않다면) 녹색 광선을 보게 될 가능성이 높다. 하지만 이때 중요한 것은 지평선이 뚜렷해야 한다는 것이다. 지평선에 기복이 있어서도 안 되고 근처에 숲이 있어서도 안 된다. 특히 건물이 가로막아서는 안 된다. 이런 조건이 가장 잘 갖추어진 곳이 바다인데 배 타는 사람들이 녹색 광선에 대해 잘 아는 것도 바로 그 때문이다."

'녹색 광선'은 하늘이 아주 맑은 날에만 볼 수 있다. 그리고 남쪽 나라들의 경우 수평선 위의 하늘이 북쪽 나라들의 그것보다 더 맑기 때문에 '녹색 광선'의 현상을 더 자주 관찰할 수 있는 것이 사실이다. 하

그림 36. . '녹색 광선' 오래 관찰하기.
관찰자는 5분 동안 산등성이 너머의 녹색 광선을 보았다. 그림의 위쪽 오른편은 망원경으로 본 녹색 광선인데 여기서 태양의 윤곽은 반듯하지 못하다. 태양이 1번 위치에 있을 때는 그 광채가 너무 눈부시기 때문에 육안으로는 녹색 띠를 볼 수가 없다. 2번의 경우 태양이 거의 사라졌기 때문에 육안으로도 녹색 띠를 볼 수 있다.

지만 러시아에서도 그런 현상이 드물지 않게 관찰되고 있고 심지어 작은 쌍안경으로 이 아름다운 현상을 관찰한 경우도 있다. 여기서 잠시 알자스(프랑스의 행정구역—옮긴이)의 두 천문학자가 관찰한 내용을 읽어보자.

"태양이 지기 전 마지막 순간, 즉 태양이 거의 모습을 감추려고 할 때 태양 위쪽의 둥근 가장자리(파상으로 움직이지만 경계가 뚜렷하다)에서 녹색 테두리가 보인다. 물론 태양이 완전히 넘어가기 전에는 육안으로 이 테두리를 볼 수 있는 방법이 없다. 하지만 배율이 상당히 높은 쌍안경으로 보면(약 100배 정도) 이 모든 현상을 자세히 관찰할 수 있다. 녹색 테두리는 아무리 늦어도 해 지기 10분 전에는 뚜렷하게 나타난다. 그리고 아래쪽에서는 붉은색 테두리가 관찰된다. 테두리의 폭은 처음에는 아주 좁지만 태양이 모습을 감춰 감에 따라 테두리의 폭도 점점 넓어진다. 녹색 테두리 위로는 녹색 돌기들이 종종 관찰되는데 이것들은 태양이 서서히 사라지기 시작할 때 태양 가장자리를 따라 마치 활주하듯 움직인다. 때로는 이 돌기들이 태양의 테두리에서 떨어져나와 몇 초 동안 빛을 발한 뒤 사라지는 경우도 있다."(그림 36)

보통 이런 현상은 2초 정도 계속된다. 하지만 예외적인 경우에는 이 시간이 현저하게 늘어난다. 심지어 '녹색 광선'이 5분 이상 관찰된 경우도 있었다! 사실 이것은 관찰자가 산 너머로 지는 해를 바라보며 빠른 속도로 걸었기 때문에 가능한 일이었다. 태양은 마치 산등성이를 따라 미끄러져 달리는 듯했고 태양의 위쪽 가장자리에서는 녹색의 테두리가 빛나고 있었다(그림 36).

해가 뜰 때, 즉 해의 위쪽 가장자리가 지평선 아래로부터 모습을 드러내기 시작할 때 '녹색 광선'을 관찰하는 것은 아주 유익한 일이다. 흔히들 '지는 해의 눈부신 빛 때문에 눈이 피로해지고 그래서 보게 되는 것이 녹색 광선이라는 광학적 착시현상이다'라고 주장하는데 해가 뜰 때의 녹색 광선은 이러한 견해를 보기 좋게 반증해 주기 때문이다.

참고로 태양만 녹색 광선을 발하는 것은 아니다. 예를 들어 금성이 질 때도 태양에서 관찰되는 것과 똑같은 현상이 관찰된 적이 있었다.